Interim Manager berichten aus der Praxis

Maschinen- und Anlagenbau

Autoren:
Dr. Harald Schönfeld
Jürgen Becker
Eckhart Hilgenstock
Peter Lüthi
Hans Rolf Niehues
Manfred Richter
Michael Weimar
Falk Janotta
Dr. Uwe Seidel
Götz Stapelfeldt

Reihe: Von Interim Managern lernen

Herausgeber: Dr. Harald Schönfeld, Jürgen Becker

Autoren

Dr. Harald Schönfeld

Jürgen Becker

Eckhart Hilgenstock

Peter Lüthi

Hans Rolf Niehues

Manfred Richter

Michael Weimar

Falk Janotta

Dr. Uwe Seidel

Götz Stapelfeldt

Dr. Harald Schönfeld, Jürgen Becker, Eckhart Hilgenstock, Peter Lüthi, Hans Rolf Niehues, Manfred Richter, Michael Weimar, Falk Janotta, Dr. Uwe Seidel, Götz Stapelfeldt

Interim Manager berichten aus der Praxis

Maschinen- und Anlagenbau

Reihe „Von Interim Managern lernen“

Hrsg: Dr. Harald Schönfeld, Jürgen Becker

Diplomatic Council Publishing

1. Auflage 2022

Bibliografische Informationen der Deutschen Nationalbibliothek

Die Deutsche Nationalbibliothek verzeichnet diese Publikation in der Deutschen Nationalbibliografie; detaillierte bibliografische Daten sind im Internet über http://dnb.d-nb.de abrufbar.

Printed in the Federal Republic of Germany.

Gestaltung, Cover, Satz: IMS International Media Services, Wiesbaden

Gedruckt auf säurefreiem Papier.

Print ISBN: 978-3-947818-75-4

E-Book ISBN: 978-3-947818-76-1

Inhalt

Vorwort

Es gibt keine anderen Führungskräfte als Interim Manager, die im Laufe ihres Berufslebens so viele Unternehmen und so viele verschiedene unternehmerische Herausforderungen kennenlernen. Daher wurde es höchste Zeit, eine eigene Buchreihe „Von Interim Managern lernen“ aufzulegen, um dieses geballte Know-how zu bündeln und einer breiteren Fachöffentlichkeit zugänglich zu machen.

Das Diplomatic Council (DC), ein globaler Think Tank mit Beraterstatus bei den Vereinten Nationen (UNO), hat sich hierzu United Interim (UI), das führende Netzwerk qualifizierter Interim Manager im deutschsprachigen Raum, zum Partner gewählt. Die beiden Herausgeber der Buchreihe, Dr. Harald Schönfeld und Jürgen Becker, sind zugleich die Gründer und Geschäftsführer von United Interim; sie kennen daher dieses Marktsegment besser als irgendjemand anderes. Dieses Wissen gepaart mit einem langjährig entwickelten, vertrauensvollen und persönlichen Verhältnis zu praktisch allen qualifizierten Interim Managern von Relevanz im deutschsprachigen Raum gewährleistet, dass in der Buchreihe „Von Interim Managern lernen“ tatsächlich nur die Besten der Besten zu Wort kommen.

Dieses geballte Know-how stellen wir einmal mehr im Band „Interim Manager berichten aus der Praxis: Maschinen- und Anlagenbau“ zur Verfügung. Das ist kein Zufall – kaum ein anderer Industriesektor mit derart großer Bedeutung für unsere Volkswirtschaft befindet sich in einem so massiven Veränderungsprozess wie der Maschinen- und Anlagenbau.

Vor diesem Hintergrund erscheint das vorliegende Buch genau zum richtigen Zeitpunkt, um den Entscheidungsträgern in der Branche mit klugem und vor allem praxiserprobtem Rat zur Seite zu stehen. Noch besser: Wer über den Rat hinaus tatkräftige Unterstützung bei Strategie und/oder Umsetzung benötigt, kann die in diesem Buch vorgestellten Interim Manager direkt ansprechen. Die Profile inklusive Kontaktdaten befinden sich in der Sektion „Über die Autoren" am Ende des Werkes. Denn alle, die in diesem Buch zu Wort kommen, sind nicht in erster Linie Autoren, sondern es sind vor allem Interim Manager, die eben nicht nur mit Rat, sondern insbesondere auch mit Tat zur Seite stehen.

In diesem Sinne wünsche ich dem neuen Band einen guten Start, mögen die geneigten Leserinnen und Leser ein Maximum an Nutzen aus der Lektüre ziehen. Mein Dank gilt den Interim Managern, die sich die Zeit genommen haben und bereit sind, ihr profundes Know-how in diesem Werk darzustellen, und natürlich den beiden Herausgebern, die sich um die hohe Qualität aller Beiträge verdient gemacht haben.

Hang Nguyen

Generalsekretärin Diplomatic Council

Von Interim Managern lernen

Einführung von Jürgen Becker und Dr. Harald Schönfeld, beide Gründer und Geschäftsführer der UnitedInterim GmbH

Es gibt wohl kaum eine Berufsgruppe, die mehr über die betriebliche Praxis weiß, als Interim Manager. Sie wissen viel besser Bescheid als die meisten fest angestellten Manager, weil sie im Laufe ihres Berufslebens viele verschiedene Unternehmen, unterschiedliche Situationen und Herausforderungen kennen lernen. Gerade in Zeiten, in denen sich viel verändert – wie jetzt in der Folge der Pandemiejahre mit all ihren Umwälzungen –, bieten die Erfahrungen und das Know-how von Interim Managern einen echten Schatz. Das gilt insbesondere für eine Branche wie den Maschinen- und Anlagenbau, die sich in einem starken Wandel befindet. Gerade die Lieferengpässe, die Digitalisierung und auch die Knappheit an Talenten gehören zu den wichtigsten Herausforderungen. Bei all dem sollen am Markt auch noch Kunden gewonnen werden, die Menschen intern zukunftsgerecht geführt und insgesamt gesehen natürlich auch noch Geld verdient werden.

Mit der Buchreihe „Von Interim Managern lernen" wird das Know-how von praxisorientierten Umsetzungsexperten erstmals gebündelt. Die sorgfältige Auswahl durch die Herausgeber stellt sicher, dass in dieser Reihe ausschließlich die „Besten der Besten" unter den Interim Managern mit Themen zu Wort kommen, die aktuell im Maschinen- und Anlagenbau brennen; aus jedem Fachgebiet und aus jeder fachlichen Perspektive immer nur einer. Alle Interim Manager vereint jedoch das Streben nach operativer Exzellenz für ihre Kunden: Es geht um die zukunftsfähige Umsetzung und Durchsetzung von Veränderungen, eine in der Praxis auch wirklich funktionierende Gewinnung von Kunden, eine zeitgemäße Führung der Mitarbeiter, eine Steigerung der Performance und damit eine Verbesserung der Wertschöpfung des Unternehmens und natürlich eine erhöhte Rentabilität! All das sind Themen, für die Interim Manager engagiert werden.

Traditionell zählt der Maschinen- und Anlagenbau (in der Folge häufig nur als „Maschinenbau" bezeichnet), zu den stärksten Nachfragern der Leistung von Interim Managern. Siehe dazu auch die folgende Abbildung 1: An deren Entscheider richtet sich dieses Buch. Ebenfalls zählen aber auch Kapitalbeteiligungsgesellschaften, Investoren, Banken und an der Branche generell interessierte Leser zu den Adressaten.

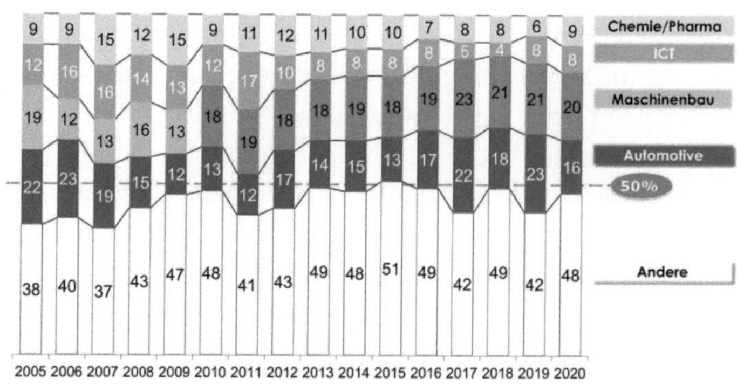

Abbildung 1: Marktanteile der Branchen. Quelle: AIMP (2021)

Interim Manager: Was ist das und worum geht es?

Interim Manager gibt es im deutschen Sprachraum seit über 40 Jahren. Andere Bezeichnungen sind „Manager auf Zeit“ oder auch „Manager ad interim“. Im süddeutschen und österreichischen Sprachraum findet sich manchmal auch ein „Fugen-s“: Interimsmanager. Die Online-Ausgabe des Gabler Wirtschaftslexikons gibt folgende Definition (Interim Management, 2018):[1]

Beim Interim Management arbeiten ***selbstständig tätige*** *Interim Manager für einen* ***definierten Zeitraum*** *(üblicherweise 3-18 Monate) i.d.R. in unternehmerischer Verantwortung in einem Unternehmen in einer Führungsposition der ersten und zweiten Ebene. Interim Manager werden in unterschiedlichen Situationen und Aufgabengebieten eingesetzt, z.B. zur Überbrückung bei unvorhersehbaren Vakanzen beim Ausfall einer Führungskraft, zur Restrukturierung und Sanierung, im Projektmanagement, zur Einführung neuer Programme oder bei der Gründung, Übernahme oder Veräußerung von Unternehmen.*

Interim Manager gelten als Top-Segment innerhalb der Freelancer. In der DACH-Region (Deutschland, Österreich, Schweiz) arbeiten nach einer zusammenfassenden Studie (Xing, 2019) gut 1,5 Millionen Freelancer (Einzelunternehmer, Freiberufler). Nach dieser Untersuchung kann sich zusätzlich jeder zweite Angestellte vorstellen, als Freelancer zu arbeiten. Besonders stark ist das Interesse in der jüngeren Generation. Für die USA wird schon jetzt angenommen, dass im Jahre 2027 mehr als die Hälfte der Arbeitskräfte Freelancer sein werden. Für die DACH-Region kann aktuell nach einer Schätzung des AIMP (2021) von circa 15.000 Interim Managern ausgegangen werden.[2]

Die DDIM (Dachgesellschaft Deutsches Interim Management e.V.) ist der führende Wirtschafts- und Berufsverband für Interim Management in Deutschland und bezeichnet Interim Management zunächst als **eigenes Angebotssegment im Markt der Management Dienstleistungen**, welches sich von der Nachbarbranche der Unternehmensberatung in der Art des Services unterscheidet (DDIM 2020a):[3]

*„Während **Unternehmensberatungen** einen externen, unabhängigen Service bieten, bei dem die Entscheidungsbefugnis und -verantwortung beim Auftraggeber verbleiben, arbeiten Interim Manager in der Regel in unternehmerischer Verantwortung im Mandanten-Unternehmen. Für einen definierten Zeitraum werden sie zum integralen Bestandteil des internen Teams. Interim Manager arbeiten freiberuflich und auf eigenes Risiko. Sie werden in Führungspositionen der ersten und zweiten Ebene eingesetzt.“*

In der Praxis haben Interim Manager mit Beratern einige Überschneidungen. Der wesentliche Unterschied wird jedoch darin gesehen, dass Interim Manager ihren Fokus auf die operative Umsetzung oder Durchsetzung von Maßnahmen legen. Diese operativen Tätigkeiten können durchaus auf Empfehlungen aufsetzen, die vorher von einem Berater gegeben wurden – oder vom Interim Manager selbst, der vorher eine Analyse durchgeführt hat.

Eine weitere Abgrenzung ist die „nach unten“, nämlich zur **Zeitarbeit** bzw. zum **Personalleasing.** Die DDIM (2020a) spricht von *„substituierbaren Tätigkeiten im ausführenden Bereich (...). Die Arbeitskräfte sind zumeist Angestellte der Leasingfirma und werden dem Auftraggeber für einen befristeten Zeitraum überlassen.“*

Üblicherweise sind Interim Manager selbstständige bzw. freiberufliche Dienstleister. Sie bleiben dies auch während ihres Projekteinsatzes bei ihren Mandanten. Einige arbeiten firmenrechtlich auch unter dem Dach einer eigenen Gesellschaft (i.d.R. GmbH) oder einer Sozietät mit Kollegen. Die meisten Interim Manager verfügen über eine universitäre Ausbildung und langjährige Erfahrung in leitenden Positionen. Üblich sind – je nach Spezialisierung – eine ganze Reihe an Zusatzaus- und Weiterbildungen, insbesondere zu aktuellen Themen. Sobald die Aufgabe erledigt bzw. das Projekt beendet ist, verlassen die Interim Manager ihren Auftraggeber wieder und wenden sich einem neuen Kunden zu. Ein viel zitiertes Motto lautet: *„Wir kommen, um zu gehen!"*. Je nach Aufgabe dauern die Mandate wenige Monate bis zu zwei Jahren – der Durchschnitt liegt bei circa neun Monaten.

Die **Anfänge** des Interim-Business liegen ursprünglich im Sanierungs- und Restrukturierungsgeschäft. Die Idee vom Feuerwehrmann und harten Krisenmanager prägte über Jahre hinweg das Bild in der Presse und Öffentlichkeit. Seit die Branche und einzelne Kategorien durch Studien erfasst werden, blieben die Einsätze als Sanierer oder als Restrukturierer jedoch selbst in gesamtwirtschaftlichen Krisenphasen immer unter 20 Prozent (AIMP, 2021). Dies geht aus der nachfolgenden Abbildung 2 hervor – vor allem im Vergleich zu anderen Einsatzfeldern.

Sein größtes Volumen schöpft das Interim-Business seit Jahren aus der Überbrückung von offenen Stellen (Vakanz-Überbrückungen / Projekt-Vakanz), selbst wenn diese i.d.R. nur wenige Monate dauern: Ein Unternehmen holt einen Interim Manager an Bord, der das Tagesgeschäft absichert, bis der neue Mitarbeiter gefunden ist, gekündigt hat und anfangen kann. Neben der Führung des Tagesgeschäftes ist es üblich, dass ein

Interim Manager parallel ein bestehendes Problem oder eine Chance analysiert, dazu Lösungskonzepte entwickelt und mit hoher Umsetzungssicherheit auch realisiert. Dieses aus Unternehmenssicht smarte Vorgehen stand in seiner Hochzeit (2010/2011) für gut 40 Prozent des Geschäftes. Weil so etwas für die nachfragenden Unternehmen zweckmäßig und mit einem hohen Mehrwert verbunden ist, kann erwartet werden, dass **Vakanzüberbrückungen** auch in Zukunft einen nennenswerten Anteil am Interim-Business haben werden.

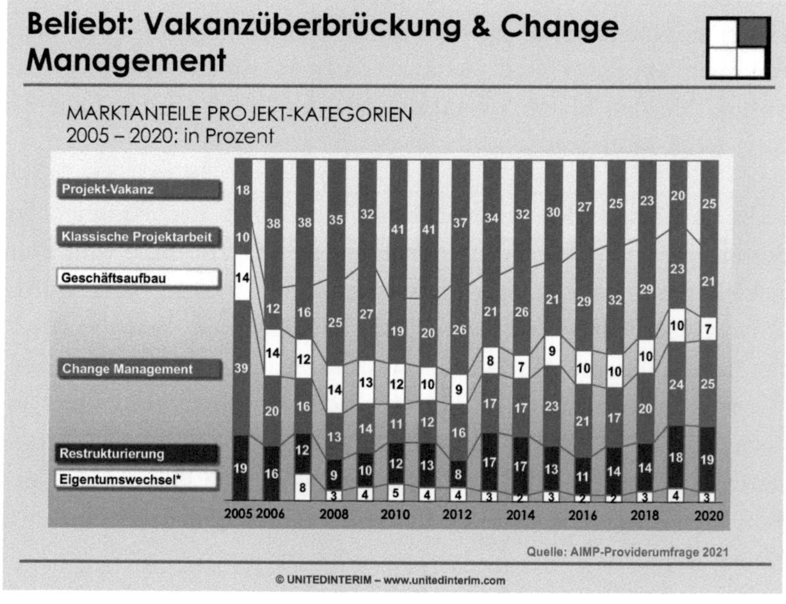

Abbildung 2: Einsatzfelder für Interim Manager. Quelle: AIMP (2021).

Wir gehen davon aus, dass die **klassische Projektarbeit** – einschließlich Themen im **Change-Management** – weiter einen hohen Stellenwert einnehmen wird. Allein deshalb, weil schlank aufgestellte Unternehmen kaum freie Kapazitäten haben, um diese Aufgaben aus eigenen Ressourcen abzudecken und weil eine zeitlich genau definierte Arbeit im Projekt in perfekter Weise mit dem Konzept des Interim Managements harmoniert. Das umfasst die zügige Umsetzung von **Transformationsvorhaben,** bei der ein passender Interim Manager neben „Kapazität" auch noch das notwendige neue inhaltliche und methodische Wissen mitbringt.

Inzwischen sind Interim Manager in ihrer Gesamtheit weiblicher und wesentlich jünger geworden. Das Durchschnittsalter liegt bei Anfang Fünfzig. Einsteiger starten immer früher und sehen Interim Management als sinnvolle und selbstbestimmte Fortsetzung der bisherigen Angestellten-Karriere – nunmehr als Unternehmer in eigener Sache und mit eigenem Auftritt am Markt[4].

Die von Interim Managern bearbeiteten Themen und Projekte bestehen aktuell aus einer bunten Mischung aus allen Unternehmensbereichen: Vom Einkauf, der Entwicklung, über die Produktion, die Logistik, den Finanzbereich, HR und Unternehmensführung bis hin zum Business Development. Einige Interim Manager haben sich zudem auf Sonderthemen oder Sondersituationen spezialisiert.

Beispiele sind im Bereich der Umsetzung von Digitalisierungsvorhaben, der Internationalisierung oder rund um Mergers & Acquisitions (M&A) / Eigentumswechsel zu finden. Auch die Restrukturierung und Sanierung besteht weiterhin als etabliertes Marktsegment im Interim Management. Die vielen Projekte im Personalbereich – eine statistisch überwiegend weibliche Domäne – stehen als Beispiel für zunehmend mehr Frauen, die sehr erfolgreich als Interim Managerinnen tätig sind.

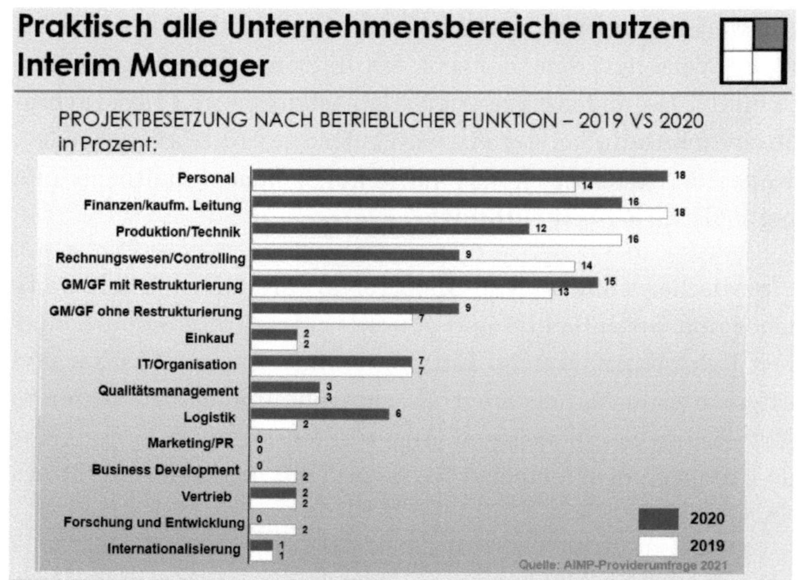

Abbildung 3: Projekte nach betrieblicher Funktion. AIMP (2021).

Neue Herausforderungen

Die Abkürzung „VUCA“ hat schon vor Corona das Umfeld der Unternehmen – auch im Maschinen-und Anlagenbau – durch einen zunehmenden Grad an Veränderlichkeit (V), Unsicherheit (U), Komplexität (C) und Ambiguität (A) beschrieben. Eine **„VUCA-World“** lenkt den Blick auf zahlreiche aktuelle Herausforderungen, bei denen im Grunde „alles“ passieren kann. Als Haupttreiber werden in der bisherigen Literatur und Diskussion die Digitalisierung und Globalisierung der Märkte angesehen. Auch eine Corona-Situation, bei der in völlig unerwarteter und extremer Weise auf den „Pause-Knopf“ der Weltwirtschaft gedrückt wurde und die gleichzeitig als Brandbeschleuniger für Veränderungen diente, hatte keiner auf dem Zettel. Somit handelt es sich mit VUCA um ein brauchbares Erklärungskonzept für schnell wandelnde Wertschöpfungsketten unter folgenden Merkmalen:

- **Projekte:** Ein wichtiges Phänomen innerhalb der Unternehmen ist der Trend zum Projekt und zur Projektorganisation. Und da die Innovations- und Produktlebenszyklen immer kürzer werden, sind wichtige Aufgabenstellungen meist erst kurz vor ihrem Akutwerden erkennbar.

- **Flexibilität:** Die geringer werdende Planbarkeit steigert grundsätzlich die Nachfrage nach schnell und flexibel einsetzbaren „Ressourcen", vor allem personeller Art.

- **Wissen:** Der hohe Neuigkeitsgrad von all dem, was getan werden muss, erfordert eine schnelle Verfügbarkeit von aktuell notwendigem Know-how und erforderlichen Kompetenzen.

- **Dem Neuen zuwenden können**: Es wird zunehmend bedeutsam, nicht am Bisherigen festzuhängen, sondern loslassen und sich dem Neuen aktiv zuwenden zu können. Es liegt auf der Hand, dass eine fachlich ausgewiesen kompetente Person, die von außen kommt, emotional keine bindende Historie oder Verpflichtungen hat, keine Politik in Sachen eigener Interessen oder Karriere verfolgt und in der Regel eine ähnliche Aufgabenstellung schon einmal erfolgreich bewältigt hat, hohe Akzeptanz in der Umsetzung erfährt. Sie stellt eine große Unterstützung im Unternehmen in sachlicher und emotionaler Hinsicht dar.

Für Unternehmen wird es immer wichtiger, kompetent mit diesen Veränderungen umgehen zu können. Es gilt, Bewährtes und durchaus bisher Erfolgreiches bewusst zu beenden und Neues zu wagen. Damit geht die Anforderung einher, neugierig zu sein, neu zu denken, zu lernen (nie auszulernen) und auszuprobieren; auch gegen innere Zweifel und äußere Widerstände. Das Ganze hat neben dem Fachlichen auch eine emotionale Ebene und viel mit Werten zu tun. Und alles muss schnell gehen. Menschen, die diesen Wandel (auch als „Change“ oder „Transformation“ bezeichnet) gestalten und zielgerichtet treiben können, sind somit zunehmend notwendig.

Die punktgenaue Nutzung aller Personal- und Managementressourcen ist dabei ein wesentlicher Erfolgsfaktor.

Wachstumsmotor in der DACH-Region mit Fähigkeit zur Veränderung

Der Maschinenbau gilt als eine der wichtigsten Branchen in der deutschen Volkswirtschaft, aber auch in der Schweiz und in Österreich. Wie später in diesem Buch im Beitrag von Eckhart Hilgenstock dargelegt, entwickeln sich – basierend auf dem Mitte 2021 veröffentlichen Report „Maschinenbau 2030“ der Wirtschaftsprüfungsgesellschaft Deloitte (Deloitte 2021) – vier Zukunftsszenarien. So könnten in weniger als einem Jahrzehnt „kundenspezifische Neumaschinen und radikale Service-Geschäftsmodelle aus der DACH-Region den weltweiten Maschinenbau beherrschen“. Aber es könnte auch durchaus passieren, dass „milliardenschwere Tech-Unternehmen aus der Software- und Internet-Industrie Schlüsselpositionen im Maschinenmarkt erobern“. In diesem Fall könnten diese für den Großteil der Wertschöpfung zuständig sein – während gleichzeitig hochtransparente Einkaufs- und Service-Plattformen das Ersatzteilgeschäft übernehmen.

Es besteht also ein großer Möglichkeitsraum für Veränderungen! Im Detail könnten diese vier Szenarien dem Maschinen-

und Anlagenbau in der DACH-Region bis 2030 widerfahren (Deloitte 2021):

Im **ersten Szenario** sind die Maschinenbauer mit ihrem bisherigen Konzept weiterhin erfolgreich. Sie verfügen über direkten Kundenzugang und produzieren wie bisher hochspezialisierte Maschinen. Ihre internationale Führungsposition hängt aber an einem seidenen Faden: Branchenfremde Tech-Giganten und Wettbewerber aus China drängen mit konkurrierenden Geschäftsmodellen auf den Markt.

Im **zweiten Szenario** ist es den Maschinenbauern gelungen, die digitale Transformation erfolgreich umzusetzen. Spezialmaschinen wurden von modularen Standardmaschinen abgelöst, die durch individualisierbare Software-Lösungen einen neuen Kundennutzen bieten. Die Daten- und Software-Hoheit haben in diesem Szenario die Maschinenbauer selbst inne – und nicht die Tech-Unternehmen aus Übersee. Digitale Services sichern die wirtschaftliche Handlungsfähigkeit der Unternehmen und den gesellschaftlichen Wohlstand in der DACH-Region. Aber auch in diesem Falle muss die Branche hellwach bleiben, weil die Konkurrenz keinesfalls schläft.

Das **dritte Szenario** beschreibt einen Siegeszug der Tech-Unternehmen über die Maschinenbauer: Die größte Wertschöpfung wird wie im zweiten Szenario durch digitale Service-Lösungen erzielt. Diese kommen jedoch von den branchenfremden Softwareanbietern. Der Maschinenbau wird zum reinen Zulieferer. Es besteht kein direkter Zugang mehr zu Kunden- und Maschinendaten und die Maschinenbauunternehmen müssen sich Wettbewerbern aus ganz neuen Regionen stellen, zum Beispiel aus China. Die digitalen Wachstumsmärkte bleiben ihnen verschlossen.

Das **vierte Szenario** besteht aus einem Hybrid aus den drei vorangegangenen Szenarien: Die Maschinenbauer und Tech-Anbieter bilden Ökosysteme, die zunehmend von der Tech-Seite dominiert sind. Spezialmaschinen sind zwar weiterhin gefragt, die digitalen Plattformen kommen allerdings von den Tech-Anbietern, wo die Maschinen- und Kundendaten liegen. Der Maschinenbau hat einen deutlich geringen Anteil an der Wertschöpfung.

Als Fazit wird die Einschätzung gegeben, dass der Maschinenbau auch im Jahr 2030 der Wachstumsmotor für die DACH-Region sein wird. Es wird jedoch weiterhin vieler Anstrengungen und einer noch stärkeren Bereitschaft zur Veränderung und Zusammenarbeit bedürfen.

All diese Szenarien implizieren massive Auswirkungen auf die Geschäftsmodelle, die damit verbundene Strategie, die Organisationstrukturen und -prozesse sowie die Mitarbeiter; ebenfalls auf die begleitenden Finanzprozesse und die Compliance.

Nicht zu unterschätzen sind die Einflüsse auf die Wertebene und damit auf die Unternehmenskultur. Und weil wir in diesem Buch über Manager sprechen, dann ändert sich gerade das Berufsbild dieser Führungskräfte und der dafür notwendigen Qualifikation.

Transformationen parallel zum Tagesgeschäft

Die Herausforderung – gerade in mittelständisch geprägten Strukturen – besteht darin, dass all die angesprochenen neuen Themen auch noch neben dem normalen Tagesgeschäft bewältigt werden müssen. Dieses stellt für viele Unternehmen und Führungskräfte aber ohnehin schon eine hohe Belastung dar.

Die Managementkapazitäten sind meist „auch schon so" komplett ausgereizt.

Wenn in Unternehmen nun solche Transformationsvorhaben anstehen, helfen Interim Manager bei der schnellen und fachkundigen Umsetzung. Interim Manager entlasten und sorgen für Fokus auf das Thema. Interim Manager sind Experten für die **Umsetzung und Durchsetzung**.

Sie können in diesem Wandel unterstützend zur Seite stehen und zusätzliche Managementkapazitäten und erforderliches Know-how schnell und professionell liefern. Ihr Einsatz ist flexibel und meist kurzfristig möglich.

Unternehmen kaufen sich damit nicht nur zusätzliche Management-Ressourcen ein. Sie können sofort das notwendige, neue Know-how einsetzen, welches sie intern gar nicht so schnell aufbauen können. In den meisten Fällen kann ein Interim Manager sein Wissen auch ans Team weitergeben und dafür sorgen, dass es auch wirklich in der Praxis klappt. Gutes Interim Management beinhaltet also auch noch einen ganz pragmatischen **Know-how-Transfer on the job.**

Ganz zentral ist nach den Erfahrungen der Corona-Zeiten in den Jahren 2020 und 2021 jedoch, dass Unternehmen neben Geschwindigkeit auch noch **Sicherheit in der Umsetzung** erhalten. Warum ist das so?

Für die Umsetzung von schnellen Transformationsprozessen braucht es andere Management-Kompetenzen als für ein Tagesgeschäft, welches durch die Beherrschung von Routineprozessen gekennzeichnet ist.

Management des Tagesgeschäfts	Führung durch Veränderungssituationen
Stabiles Managen	Flexibles Gestalten
Fokus auf Prozesse	Fokus auf Personen
Formale Entscheidungen	Informelle Entscheidungen
Tiefgehende Problemanalyse	Rasche Problemanalyse
Meistens ausreichende Ressourcen	Ressourcen oft knapp bemessen
Fixe Verantwortlichkeiten	Flexible Verantwortlichkeiten
Erprobte Entscheidungsfindung	Kreative Problemlösung
Bewährte Schemata	Neue Wege
Effizienz	Effektivität
Starre Strukturen und Rahmenbedingungen	Flexible Strukturen, Rahmenbedingungen ergeben sich im Laufe der Maßnahmen
Viele Informationen	Wenig Informationen

Abbildung 4: Kompetenzen für Transformationsvorhaben. (Lettmann, 2020)

Wenn die Märkte jetzt nicht mehr nur ein „schnell“, sondern ein „sofort“ einfordern, wird die Fähigkeit sich zu wandeln und „schnell machen“ zu können, zum strategischen Erfolgsfaktor. Es liegt auf der Hand, dass professionelle Interim Manager dazu einen wesentlichen Beitrag leisten können, der sich im Sinne eines Mehrwertes in vielfacher Weise als sinnvolle Investition rechnet.

Vorteile und Mehrwerte von Interim Managern

Die aktuell im Markt gesehenen **Kundenvorteile durch Interim Manager** fasst die DDIM so zusammen (DDIM, 2020b):[5]

„Als Hauptgründe für den Einsatz von Interim Managern werden der akute Mangel an qualifizierten Managementkapazitäten, Ressourcenengpässe, steigende Flexibilitätsanforderungen an die Unternehmen sowie kurzfristige Vakanzen gesehen. Interim Manager fangen Management-Engpässe auf, bringen ein

Plus an Unabhängigkeit und verschaffen Unternehmen durch Flexibilität, Know-how und zusätzliche Ressourcen messbare Wettbewerbsvorteile.“

In unserer inzwischen fast 20-jährigen Praxis im Interim Management haben wir beobachtet, wie durch Interim Manager ein ganzes Bündel an Mehrwerten für Unternehmen entstehen. Natürlich wird dabei vorausgesetzt, dass das Unternehmen eine sorgfältige Auswahl trifft und sich für einen passenden Interim Manager entscheidet:

- **Geschwindigkeit**: Bestehende Vorerfahrungen und aktuelle Kompetenzen vorausgesetzt, kann davon ausgegangen werden, dass ein Interim Manager nur eine sehr kurze Einarbeitungszeit, bzw. „ramp-up-time“, braucht. Die klassischen 100 Tage eines Festangestellten schrumpfen i.d.R. auf ein bis zwei Wochen. Mit Hilfe guter Führung und moderner, professioneller Methoden- und Prozesskompetenz werden Ziele schnell erreicht.

- **Sicherheit:** Umsetzungssicherheit, Methodenkompetenz, aktuelle Skills und Know-how sowie Erfahrung aus ähnlichen Aufgabenstellungen (unter anderem belegt durch Referenzschreiben oder Case Studies) sorgen für eine hohe Erfolgswahrscheinlichkeit.

- **Akzeptanz und Nachhaltigkeit der Lösung**: Interim Manager sind darauf spezialisiert, in besonderen und unerwarteten Situationen eingesetzt zu werden. Ihre Kunden profitierten von einer neutralen und objektiven Sichtweise. Bei allen anstehenden Änderungen verfolgen Interim Manager keine eigenen (Karriere-) Interessen. Es geht nur um die Sache. Dies befähigt sie sehr rasch, Akzeptanz zu gewinnen und in der Folge gemeinsam mit allen Beteiligten

Lösungsansätze zu entwickeln und nachhaltig durch- und umzusetzen.

- **Rendite:** Mit dem Einsatz eines Interim Managers geht i.d.R. eine höhere Erfolgswahrscheinlichkeit und kürzere Projektdauer einher. Die gewünschten Ziele entfalten ihre positiven Auswirkungen schneller. All das realisiert für das Unternehmen eine attraktive Rendite der Investition in einen Interim Manager.

Die einzelnen Beiträge des vorliegenden Bandes bündeln zusammengenommen ein geballtes Know-how zu den unterschiedlichen Herausforderungen, Aufgaben und Erfahrungen professioneller Interim Manager in der Praxis des Maschinen- und Anlagebaus national und international. Auch wenn wir mit allen Autoren schon seit Jahren persönlich-professionell bekannt sind und ihre berufliche Entwicklung als Interim Manager verfolgen konnten, haben wir bei der Durchsicht und Diskussion viel gelernt! Dafür danken wir.

Dem Diplomatic Council (DC) sind wir seit einigen Jahren freundschaftlich und aktiv verbunden. Wir engagieren uns gerne in diesem globalen Think Tank, Business Network und Charity Foundation mit Beraterstatus bei den Vereinten Nationen. Auf diese Weise können gemeinsam mit allen nationalen und internationalen Mitgliedern Synergien gehoben werden, wie es sonst kaum möglich wäre.

Literaturverzeichnis zu diesem Beitrag

AIMP (2021). AIMP-Arbeitskreis Interim Management Provider. AIMP-Providerumfrage 2021: https://www.aimp.de/aimp-umfragen/aktuelle-aimp-umfragen

Becker/Schönfeld/Singer (2020): Karriere-Handbuch für Interim Manager. Erfolg als Freelancer im Management, BoD-Verlag, Norderstedt, ISBN: 978-3-7519-8416-4, 330 Seiten

DDIM (2020a). Branchenprofil. https://www.ddim.de/interim-management/fuer-unternehmen/branchenprofil/

DDIM (2020b). Kundenvorteile. Website DDIM: https://www.ddim.de/interim-management/fuer-unternehmen/kundenvorteile/

Interim Management (2018). Gabler Wirtschaftslexikon – Online Lexikon: https://wirtschaftslexikon.gabler.de/definition/interim-management-52714/version-275829

Lettmann (2020). Siegfried Lettmann: Wissen Interim Management. Welchen Mehrwert hat ein Interim Manager für Ihr Unternehmen? Website butterfly-manager GmbH: https://www.butterflymanager.com/mehr-als-15-jahre-butterflymanager/welchen-mehrwert-hat-ein-interim-manager-fuer-ihr-unternehmen/

Xing (2019). Hallo! Das ist HalloFreelancer. Hallo Freelancer – Ein Service von Xing. https://www.hallofreelancer.com/

Marketing & Sales Intelligenz im Maschinenbau

Eckhart Hilgenstock, Interim Executive (EBS), Interim Manager des Jahres 2012 (AIMP), Top Interim Manager im Manager Magazin 10/2021 und in CAPITAL 01/2022

Der Maschinenbau ist eine der entscheidenden Branchen für die deutsche Volkswirtschaft. Made in Germany, German Engineering und deutsche Innovationskraft haben internationalen Markenstatus. Die wichtigste Aufgabe von Marketing und Vertrieb im Maschinenbau ist die Darstellung technischer und qualitativer Leistungsmerkmale sowie des *Return on Investment.* Die Differenzierung findet über Alleinstellungsmerkmale der Maschine, Beratung und Serviceleistungen statt. Und: über die Art und Weise, wie das Unternehmen mit seiner Zielgruppe kommuniziert. Ein stimmiger Marktauftritt und die Nutzung digitaler Möglichkeiten für Marketing und Sales machen den Unterschied aus. Über Marketing und Sales Intelligenz kann der Maschinenbau viel von anderen Branchen lernen.

Quo vadis, Maschinenbau?

In dem Report „Maschinenbau 2030" der Wirtschaftsprüfungsgesellschaft Deloitte entwickeln die Autoren vier mögliche Zukunftsszenarien, die dem Maschinenbau-Sektor in der DACH-Region bis 2030 widerfahren könnten: Im ersten Szenario sind die Maschinenbauer mit ihrem bisherigen Konzept weiterhin erfolgreich. Sie haben direkten Kundenzugang und produzieren wie gehabt hochspezialisierte Maschinen für ihre Zielgruppe. Ihre internationale Führungsposition hängt aber am seidenen Faden: Branchenfremde Tech-Giganten und Wettbewerber aus China drängen mit konkurrierenden Geschäftsmodellen auf den Markt.

Im zweiten Szenario haben die Maschinenbauer die digitale Transformation erfolgreich umgesetzt. Spezialmaschinen wurden von modularen Standardmaschinen abgelöst, die durch individualisierbare Software-Lösungen neuen Kundennutzen bieten. Die Daten- und Software-Hoheit haben in diesem Szenario die Maschinenbauer selbst inne – und nicht die Tech-Unternehmen aus Übersee. Digitale Services sichern die wirtschaftliche Handlungsfähigkeit der Unternehmen und den gesellschaftlichen Wohlstand in der DACH-Region. Aber auch hier gilt: Die Konkurrenz schläft nicht.

Das dritte Szenario skizziert den Sieg der Tech-Unternehmen am Markt: Die größte Wertschöpfung wird auch hier durch digitale Service-Lösungen erzielt, die allerdings von den branchenfremden Softwareanbietern kommen. Der Maschinenbau wird zum Zulieferer ohne direkten Zugang zu Kunden- und Maschinendaten – und muss mit chinesischen Anbietern in den Wettbewerb treten. Die digitalen Wachstumsmärkte bleiben ihm verschlossen.

Das letzte Szenario ist ein Hybrid aus den drei vorangegangenen Szenarien: Maschinenbauer und Tech-Anbieter bilden Ökosysteme, die zunehmend von der Tech-Seite dominiert sind. Spezialmaschinen sind zwar weiterhin gefragt, die digitalen Plattformen kommen allerdings von den Tech-Anbietern, wo die Maschinen- und Kundendaten liegen. Der Maschinenbau hat einen deutlich geringen Anteil an der Wertschöpfung.[6]

Die Autoren des Deloitte-Reports weisen richtigerweise darauf hin, dass diese durchaus möglichen Szenarien unter bestimmten Vorannahmen skizziert wurden – und die Leser sich nicht an Details aufhängen, sondern das Gesamtbild betrachten sollten. Verantwortliche sollten sich überlegen, wo ihr Unternehmen in jedem dieser Szenarien stehen würde. Das Fazit des Deloitte-Reports zu den Szenarien: „Der Maschinenbau wird auch im Jahr 2030 der Wachstumsmotor für die DACH-Region sein, aber es wird weiterhin vieler Anstrengungen und einer noch stärkeren Bereitschaft zur Veränderung und Zusammenarbeit bedürfen.“ Die vier Szenarien werfen Fragen auf, die richtungsweisend für die Zukunft des Maschinenbaus sind: Wie bewahren wir den direkten Zugang zu Kunden? Wie schaffen wir auch in Zukunft Mehrwert? Und wie digitalisieren wir unser Geschäftsmodell und erschließen somit neue Wachstumsmärkte?

Digitale Hausaufgaben machen

Wir stehen am Anfang der digitalen Transformation von Wirtschaft und Gesellschaft. Die Digitalisierung hat gerade erst begonnen, ist eine der Zukunftsthesen des zukunftsInstituts (Megatrends). Die Zeiten, in denen sich Unternehmen langsam an die sich verändernden Rahmenbedingungen am Markt herangetastet haben, sind allerdings vorbei. Heute gilt es, zumindest seine digitalen Hausaufgaben zu machen und eine solide Grundlage für nachhaltiges Wachstum zu schaffen. Eine besonders wichtige Rolle dabei spielen Marketing, Service und Vertrieb. Laut „B2B Sales Report“ des IT-Marktforschungsunternehmens Gartner werden bis zum Jahr 2025 80 Prozent aller B2B-Verkaufsinteraktionen zwischen Anbietern und Kunden online stattfinden.[7]

Der Grund: Die Käuferseite möchte ihren Einkauf möglichst effektiv und effizient digital abwickeln – ohne zeitraubende

Gespräche. Das sieht vor allem die zunehmend jüngere Käufergeneration so. Das Zukunftsinstitut macht „Konnektivität“ als einen der großen Megatrends aus, die Wirtschaft und Gesellschaft verändern werden. Die Käuferseite hat online einen direkteren Zugang zu Produktinformationen und kann sich schon vorab gründlich mit den Produkten und Dienstleistungen eines Anbieters auseinandersetzen. In einer Umfrage von Porsche Consulting behaupten sogar 68 Prozent der Online-Einkäufer, ihre eigene Online-Recherche sei besser als die von der Anbieterseite bereitgestellten Informationen.[8]

Das bedeute jedoch nicht, dass der persönliche Beratungsanteil vollkommen verschwinden wird: Besonders der Teil, an dem Anbieter und Kunde gemeinsam den wirklichen Kundenbedarf herausfinden, bleibt weiterhin wichtig. Aber dazu später mehr. Ansonsten muss in Zukunft alles viel schneller erledigt sein als heute. Laut Porsche Consulting nimmt die Nachfrage der Kundenseite nach digitalen Kanälen deutlich zu. Woran das liegt?

Eine mögliche Antwort könnte sein: Der hochgradig innovative Maschinenbau hat sich bis heute vor allem auf die technischen Möglichkeiten seiner Produkte fokussiert. Leistung und Qualität der Maschinen waren immer die Basis des Geschäftserfolgs – und bleiben es auch heute. Allerdings ist in den letzten zehn Jahren die Fokussierung auf den eigentlichen Kundenbedarf – die *Customer Centricity* – zunehmend wichtiger geworden. Maschinenbauer müssen heute in der Lage sein, die Kundenperspektive einzunehmen und ihre Produkte nach deren Bedarfen und Anforderungen zu entwickeln. Wem das gelingt, wird schnell verstehen: Das digitale Servicegeschäft sowie hochgradig individuelle und innovative Angebote werden in Zukunft immer relevanter.

Innovation ist im Maschinenbau besonders wichtig. Nicht nur bei den eigenen Produkten, beispielsweise durch die Verwendung von IIoT-Lösungen (Industrial Internet of Things) für neue Services. Auch die Innovation und Weiterentwicklung des eigenen Geschäftsmodells wird in den nächsten Jahren entscheidend sein – einschließlich der Marketing- und Sales-Prozesse. Denn: „Service is the new Sales“, wie die Tech- und Strategieberatung Accenture treffend formuliert.[9] Der Vertriebserfolg hängt künftig davon ab, wie solide die digitale Basis des Maschinenbauunternehmens ist. Und: Wie weit (digitale) Service-Lösungen entwickelt sind, die das Alleinstellungsmerkmal ausmachen und wahren Kundennutzen bieten. *Customer Centricity*, Service als digitales Geschäftsmodell und digitalisierte Marketing- und Vertriebsprozesse sind also eng miteinander verzahnt. Mit Marketing und Sales Intelligenz stellen Maschinenbauer heute die Weichen für einen hohen digitalen Reifegrad für morgen, Handlungsfähigkeit und Marktdominanz.

Von anderen Branchen lernen

Digitale Werkzeuge, insbesondere im Marketing, sind seit Jahren gereift und haben neue Begriffe, wie *Customer Experience* und *Customer Journey* in das Zentrum des Denkens und Handelns gerückt. Für den traditionell bodenständigen Mittelstand bedeutet das: Niemand muss sich auf noch nicht erprobte Technologien einlassen. Andere Branchen, wie zum Beispiel die Software-Industrie, der Handel und die IT-Beratungen, sind mit ihren Ansätzen bereits weiter als die meisten mittelständischen Unternehmen im Maschinenbau. Die Branchenspezifika in Marketing und Sales sind sehr gering: Es ist also ratsam, den Blick über den Branchentellerrand zu werfen und sich von anderen Branchen inspirieren zu lassen. Denken Sie an Tesla: Hat sich hier ein Automobilhersteller von der Softwareindustrie anregen lassen oder ein Softwareanbieter von der Automobilindustrie?

Dass sich Branchengrenzen zunehmend auflösen[10], zeigt sich schon heute in der Praxis. Die größte Gefahr geht nicht mehr von Wettbewerbern aus, die sehr gut beobachtet werden. Angriffe auf das eigene Geschäftsmodell kommen immer häufiger von unerwarteten Playern. Heute kann ein Zwei-Mann-Laden aus 25-jährigen Programmierern die Geschäftsmodelle gestandener Unternehmen über Nacht auf den Kopf stellen. Denken Sie an bekannte Beispiele wie *airbnb* und *uber*. Oder an Unternehmen, die den Wandel verschlafen haben: *Kodak* und *Nokia* sind in der Bedeutungslosigkeit verschwunden, weil sie die Zeichen der Zeit falsch gedeutet haben. Und wer kann sich noch an den Computerhersteller *Digital Equipment* erinnern, der den Erfolg der PCs massiv unterbewertet und die Auswirkungen auf die eigenen Hochleistungs-Workstations komplett unterschätzt hat?

Nichtstun ist keine Option. Die durchschnittliche Lebensdauer eines Unternehmens ist von 75 auf 15 Jahre gesunken. Der Druck von außen, auch im Maschinenbau und Spezialmaschinenbau, nimmt zu – durch Konkurrenz, Klimaauflagen und die aufstrebende Weltmacht China. Der Ton wird rauer. Die Ärmel sind schon lange hochgekrempelt, die Rempler werden härter und auch die Corona-Pandemie fördert kein positives Investitionsklima. Genau darum ist jetzt ein guter Zeitpunkt, Marketing und Sales zu professionalisieren, um auch dieses Potenzial zu heben. Das ist selbst dann wichtig, wenn neu entwickelte digitale Kundenlösungen das Kerngeschäft des eigenen Unternehmens angreifen. Denn nur so bleibt die Kontrolle im Unternehmen. Gisbert Rühl, bis 2021 Vorstandsvorsitzender von *Klöckner & CO*, sagte im Zusammenhang mit der neuen

E-Commerce-Strategie im B2B-Stahlhandel treffend: „Ich kannibalisiere mein Geschäft, bevor es andere tun.“[11]

Marketing und Sales Intelligenz aufsetzen

Der Begriff „Marketing und Sales Intelligenz“ bedeutet in diesem Beitrag nicht nur datengestützte Vertriebsprozesse. Vielmehr geht es um die Frage, wie Maschinenbauunternehmen heute intelligent vermarkten und verkaufen können – und wie sie sich ausrichten sollten, um auch in fünf Jahren noch erfolgreich zu sein.

Marketing unterstützt Unternehmen dabei, bekannter zu werden, Produkte und Dienstleistungen bekannter zu machen und somit indirekt den Verkaufsabsatz und die Kundengewinnung zu fördern. Disziplinen des Marketings sind interne und externe Markenführung (Branding) sowie Kommunikation (Public Relations und Werbung). Es geht darum, die Aufmerksamkeit der Interessenten und Kunden auf die eigene Marke zu lenken, also *Brand Awareness* zu schaffen. In den letzten 20 Jahren hat die Kundenloyalität zu Marken stark abgenommen. Vor allem bei Online-Transaktionen werden selbst langjährige Kunden einer Marke schnell untreu, wenn ihre Customer Experience – das subjektive Kundenerlebnis – enttäuscht wird. Und das geschieht online schon bei Kleinigkeiten.

Markenloyalität gibt es heute fast nicht mehr; vor allem nicht im B2C-Konsumgütergeschäft. Das Internet sorgt für eine Schnellebigkeit in Wirtschaft und Gesellschaft. Alles muss transparent und in Echtzeit abrufbar sein – sonst springt der Kunde ab. Dieses Verhalten überträgt sich auch zunehmend auf das B2B-Geschäft. Das Marketing im Maschinenbau muss also ebenfalls umdenken. Kunden sind schon informiert oder wollen sich selbst informieren. Sie wollen aber auch zunehmend emotional abgeholt werden, nicht allein über die technischen Qualitätsmerkmale – die der Wettbewerber im Zweifel ebenfalls bietet. Erfolgsentscheidend ist heute die sogenannte Pull-Marketingstrategie (*Inbound Sales*[12]): Technische *und* emotional aufgeladene Inhalte (*Content*) zu Produkten und Service-Lösungen auf unterschiedlichen Kanälen bereitstellen, die den Interessenten dazu veranlassen, von sich aus auf das Unternehmen zuzugehen.

Einen hohen Wert bieten Referenzgeschichten und positive Kundenstimmen zu Produkten. Auch Praxisbeispiele (Use Cases) helfen dem Interessenten, den Wert einer Maschine oder eines Service zu erkennen. Texte sollten auch relevante Keywords enthalten, um besser von den Suchmaschinen gefunden zu werden. Suchmaschinenwerbung (SEA – Search Engine Advertising) ist im Maschinenbau-Sektor nicht zu empfehlen: Eine so wichtige Investition sucht der Einkauf in der Regel nicht über Bannerwerbung auf Google. Hier wäre, wenn überhaupt, Bannerwerbung auf den Seiten relevanter Branchen-Medien ratsamer.

Zunehmend nutzen Unternehmen für ihre Content-Strategie auch andere Formate als Text: Videos oder Podcasts sind sogenannter „*Rich Content*“, der auch auf das Google-Ranking einzahlt. Für die Suchenden sind solche Formate leichter und schneller zu konsumieren. Mit Videokanälen wie YouTube können Unternehmen ihre Reichweite und die Zahl der *Follower* erhöhen. Die Follower-Zahl ist im B2B-Bereich zwar bei weitem nicht so groß wie im B2C-Bereich. Wem es aber gelingt, kontinuierlich relevanten Video-Content zu produzieren, wird in seinem Segment leichter gefunden und hebt sich direkt vom Wettbewerb ab. Die Relevanz steigt mit der Besucherzahl. Besucher reagieren in sozialen Netzwerken auf die Inhalte und multiplizieren sie. Videos können den Nutzen eines Angebots optimal veranschaulichen und eignen sich hervorragend, Emotionen zu transportieren.

Content Marketing im Omnichannel

Um eine solide Basis für die Bereiche Marketing und Sales zu schaffen, sollten Verantwortliche ihre Kommunikations- und Vertriebskanäle definieren und kontinuierlich bearbeiten. Der holistische Ansatz, also die Nutzung aller relevanter Kanäle (auch *Omnichannel* genannt), bringt den Erfolg, denn: Wenn Kunden über verschiedene Kanäle immer wieder etwas über das Unternehmen hören, sehen, lesen, bleibt die Marke eher in ihren Köpfen verankert, als wenn unterschiedliche Informationen immer über denselben Kanal gespielt werden.

Um potenzielle Kunden mit relevanten Inhalten zu bedienen und einen Sog (*Pull*) zu erzeugen, sollten Marketing- und Vertriebsverantwortliche im Maschinenbau die Segmentierungskriterien[13] sowie die Zielbranchen und -kunden klar definieren. Jeder Marketing- und Sales-Mitarbeiter sollte Klarheit über die *Buyer Personas* haben, die beim Unternehmen kaufen sollen und wollen. Eine *Buyer Persona* ist eine typische Person der Zielgruppe und der Zielrolle, die das Produkt oder die Dienstleistung des Maschinenbauers benötigt und über den Kauf entscheidet. Also beispielsweise der Produktionsleiter der Zerspanung oder der Instandhaltungsleiter Automotive, der die neue Maschine zur Zerspanung mit IIoT sucht.

Neben der Definition der Segmente, Zielgruppen, Personas und Kanäle gibt es noch weitere Erfolgsfaktoren im Vertriebsprozess. Je nach Unternehmen haben diese Faktoren eine andere Gewichtung. Grundsätzlich bestehen sie aus fünf Blöcken, die sich wiederum aus jeweils fünf Kriterien zusammensetzen. Verantwortliche aus Marketing und Vertrieb können diese Faktoren als eine Check-Liste betrachten:

- **Strategie**
  - Ist unser Businessplan zeitgemäß – oder müssen wir ihn an einer Stelle feinjustieren bzw. neu ausrichten?
  - Ist die *Go-to-Market*-Strategie allen Beteiligten aus Marketing und Vertrieb klar?
  - Sind die Verkaufskanäle definiert und allen klar?
  - Welche Produkte haben Priorität im Vertrieb?
  - Ist im CRM der Kundenlebenszyklus abgebildet und aktualisiert?
- **Prozesse**
  - Sind die Vertriebs- und Marketingstrategien in die Kerngeschäftsprozesse integriert?
  - Wie ist die Zusammenarbeit mit dem Partnernetzwerk?
  - Sind Verkaufspläne für Mitarbeiter und ein Account-Plan für Bestandskunden etabliert?
  - Sind die Verkaufsprozesse definiert und allen Beteiligten klar?
  - Funktioniert das Pipeline Management?
- **Mitarbeiter**
  - Sind Marketing und Vertrieb als interdisziplinäres Team miteinander verschmolzen?

- Werden die Vertriebsmitarbeiter von Kunden als vertrauensvolle, kompetente Ansprechpartner auf Augenhöhe gesehen?
- Wie ist die Qualität der externen Partner (besser wenige, richtige Partner)?
- Erhalten die Mitarbeiter Unterstützung bei der Aufbereitung komplexer Angebote und Bids?
- Sind die Mitarbeiteraufgaben für die bestmögliche Performance verteilt – oder sind Rollenwechsel und Umstellungen notwendig?

• **Verkaufskultur**

- Gibt es einen gesunden, respektvollen Wettbewerb im Team?
- Liegt der Fokus auf den Anforderungen der Kunden (*Customer Centricity*), statt auf den eigenen Produkten?
- Sind die Verkaufskanäle klar und für Kunden leicht nutzbar?
- Gibt es motivierende Incentive-Systeme für die Vertriebsmitarbeiter?
- Werden Erfolge mit anderen Abteilungen geteilt und gefeiert und genießt der Vertrieb intern Wertschätzung?

• **Führung**

- Hat die transparente Kommunikation zum Team Priorität?

- Gehen die Führungskräfte bei der Strategieumsetzung proaktiv voran (*walk the talk*)?
- Beteiligen sich die Führungskräfte aktiv im VIP-Kundenmanagement?
- Herrscht eine Macherkultur und *Hands-On*-Mentalität in den Führungsteams?
- Gibt es eine transparente Erfolgsmessung für alle Beteiligten?

Verantwortliche sollten sich überlegen, welche dieser Punkte als größte Hebel wirken. Muss das Partnernetzwerk ausgedünnt werden, um effizienter zu sein? Ist das Vertriebsteam nicht ideal besetzt? Fehlen Macher in der Führungsetage? Es ist ratsam, sich auf nicht mehr als drei Faktoren gleichzeitig zu konzentrieren, die implementiert oder optimiert werden sollen. Externe Unterstützung eines darauf spezialisierten Interim Managers kann den Prozess beschleunigen und Kosten einsparen. Erfahrungsgemäß ist eine der ersten Prioritäten oftmals die Effizienzsteigerung im Verkaufsprozess.

Um diese zu verbessern, bietet sich die Etablierung eines Meilenstein-orientierten Sales-Prozesses wie folgt an:

- Prospect (0%)
    - Segmentierung passt
    - Kundensponsor identifiziert
    - Bedarf vorhanden

- Qualifizieren (10%)
    - Sponsor bestätigt compelling event
    - Sponsor bestätigt Kaufabsicht
    - Zugang zu Entscheider verhandelt

- Entwickeln (20%)
  - Entscheider bestätigt compelling event
  - Budget vorhanden
  - Evaluierungsplan vereinbart

- Lösung (40%)
  - Vorläufige Lösung akzeptiert
  - Mündliche Zustimmung
  - Angebot übermittelt

- Beweis (60%)
  - Feedback zu Angebot
  - Verhandlung beendet
  - Mündliche Zusage

- Gewonnen (80%)
  - Vertrag in Unterschriftenprozess
  - Unterschriften erfolgt
  - Auftragseingang

- Geliefert (100%)
  - Produkt / Lösung geliefert
  - Rechnung gestellt
  - Kaufpreis bezahlt

Das Compelling Event

Anstatt den Verkaufsprozess lediglich in die Schritte „Erstkontakt, Zweitkontakt, Angebotsübermittlung, Angebotszusage, Kaufvertrag, Kaufabschluss“ zu unterteilen, sollte der Vertrieb mehr ins Detail gehen – und den Prozess in die aufgezählten Meilensteine unterteilen. Diese Vorgehensweise ist für Käufer und Verkäufer effektiv, da beide Seiten die Übersicht über den Prozess behalten: Die Anbieterseite kann mit gezielten Fragen die Käuferseite in die Verantwortung nehmen, intern den Kaufprozess in die Wege zu leiten. Der Verkäufer kann die Beantwortung der Käuferfragen einplanen und sicherstellen, dass die Zuarbeit zeitgerecht erfolgt. Gleichzeitig sind beide Seiten vor Überraschungen geschützt, zum Beispiel, dass plötzlich neue Forderungen entstehen.

So kann die Anbieterseite das Closing plangerecht erreichen und behält die Kontrolle über den Sales-Prozess. Der Verkäufer achtet dabei besonders auf Aussagen zu den sogenannten BANT-Themen: B-Budget, A-Authority (Entscheider und Entscheidungsprozess), N-Need (wie wichtig ist das Anliegen der Käuferseite) und T-Time (bis wann muss und will der Käufer kaufen und warum). Aufgabe des Verkäufers ist es, das sogenannte *Compelling Event* der Käuferseite zu erfahren. Ein *Compelling Event*[14] bestimmt die zeitliche und wirtschaftliche Dringlichkeit, eine Investition zu tätigen, um das Geschäftsergebnis signifikant zu verbessern. Also zum Beispiel:

- Ein Werkzeugbauer benötigt im nächsten Quartal eine neue Zerspanungs-Maschine, weil die Auftragslage gestiegen ist und, das Unternehmen zeitnah seine Kapazitäten erhöhen muss.
- Für den Maschinenpark benötigt ein Unternehmen bis zu einem Zeitraum X eine *Predictive-Maintenance*-Lösung, um die Ausfallzeiten zu reduzieren.

Es ist möglich, dass der Verkäufer gemeinsam mit dem Kunden das *Compelling Event* erarbeitet. Wenn die Anbieterseite diese Informationen hat und auch die Käuferseite sich darüber im Klaren ist, wissen beide, ob sie weitere Zeit in die Evaluierung investieren möchten oder nicht. Die BANT-Kriterien und das Ermitteln des *Compelling Events* helfen dabei, den Fokus und die richtige Priorität zu bewahren.

Für zielgerichtete Verkaufsprozesse muss die Anbieterseite mit den Interessenten einen Projektplan zur Evaluierung entwickeln. Das ist für beide Seiten hilfreich, denn: Beide können sich auf die Einhaltung verlassen und darauf berufen, wenn eine Seite davon abweicht. Gibt es kein *Compelling Event* und keinen Evaluierungsplan, entstehen oftmals Missverständnisse – und der Verkaufsprozess zieht sich in die Länge oder kommt nicht zum Abschluss. Gibt es dagegen eine positive Evaluierung, dann ist der nächste wichtige Meilenstein der Closing-Plan. Hierzu wird definiert, was bis zur Auftragserteilung noch alles geschehen muss, und was wer dazu beitragen wird. Durch dieses strukturierte Vorgehen können alle Beteiligten ihre Ressourcen effektiv planen.

Daten-Hygiene: Big Data, Lost Data, Smart Data?

Damit Marketing- und Verkaufsprozesse bestmöglich greifen, ist die Datenintegration, die in der Regel eine Systemintegration der IT-Systeme bedingt, unverzichtbar. Nur, wer direkten Datenzugang hat, kann Interessenten und Kunden ein nahtloses Kundenerlebnis ermöglichen. Daten sind die aktuelle Währung, das „Öl des 21. Jahrhunderts". Je mehr ein Maschinenbauer von seinen Kunden weiß, desto gezielter kann er sie mit passenden Informationen und Angeboten versorgen.

Alles was ein Unternehmen – unter Einhaltung der europäischen Datenschutz-Grundverordnung (DSGVO[15]) – von seinen Kunden weiß, hilft im *Inbound*-Prozess. Alle IT-Systeme müssen integriert sein, damit die verantwortlichen Mitarbeiter auf die notwendigen Daten zugreifen können. Was immer wieder im Mittelstand vorkommt: CRM-Systeme (Customer Relationship Management), die nicht mit dem ERP (Enterprise Resource Planning) integriert sind. Das ist der erste Medienbruch.

Entweder sind nicht alle Kundendaten vorhanden, oder die *Customer Journey* ist nicht nahtlos. Es gehört zur absoluten Basis, die internen Systeme zu integrieren und die Daten zu pflegen und zu aktualisieren.

Daten-Hygiene ist ein weiterer Aspekt: Nur, wenn saubere Daten vorhanden sind, können die Mitarbeiter damit Kundennutzen kreieren (zum Beispiel über individualisierte Angebote und Services). Darum sollte ein Datenqualitätskreislauf sichergestellt sein, in dem die Daten kontinuierlich analysiert, bereinigt, geschützt und überwacht werden. Dann können Daten helfen, digitale Geschäftsmodelle zu entwickeln, den direkten Kundenzugang zu bewahren und neue Wachstumsmärkte zu erschließen. Schon heute bieten Zusatzleistungen wie *Predictive Maintenance* einen vermehrten Kundennutzen. Wer als Maschinenbauer hierbei die Datenhoheit über seine Maschinen- und Kundendaten hat, kann digitale Serviceleistungen anbieten, die sich zu einem eigenständigen Geschäftsmodell weiterentwickeln können – man denke an die Zukunftsszenarien von Deloitte im Eingang dieses Beitrags.

Um die digitale Basis im Marketing zu schaffen, ist Datenintegration ein unumgänglicher Schritt. Dafür sollten Unternehmen Business-Intelligence-Lösungen nutzen, die mit einem *Customer-Relationship*-Managementsystem (CRM) und einem *Content-Management*-System (CMS) integriert sind. Je nach Klickverhalten spielt das CMS dann diejenigen Inhalte aus, die den User auf der Website interessieren. Mithilfe von Analysewerkzeugen kann das Nutzerverhalten untersucht werden: Wie viele neue Besucher kommen auf die Website? Wie viele kommen regelmäßig wieder? Wie groß ist die Verweildauer auf den einzelnen Seiten? Wie viele Konversionen gibt es? Eine Konversion könnte zum Beispiel darin bestehen, dass sich ein Besucher ein Whitepaper „zum Einsatz der selbst optimierenden

Maschine des Werkzeugeinsatzes bei der Titanverarbeitung“ herunterlädt.

Oder, dass er einen Termin mit einem Verkäufer ausmacht, um über eine digitale Service-Lösung zu sprechen. Anders ausgedrückt: Mithilfe integrierter Systeme und einem strategischem Content Marketing sind Unternehmen in der Lage, das individuelle Nutzerverhalten so auszuwerten, dass sie mit Zieltechnologien (*Targeting*), dem Kunden neuartige Inhalte anbieten. Inhalte, über die er noch nicht nachgedacht hat – getreu dem Motto: Denn er weiß ja nicht, was er nicht weiß. Ein Unternehmen, dass Targeting perfektioniert hat, ist Amazon. Ein Algorithmus analysiert die Wahrscheinlichkeit des nächsten Kaufes – und stellt Waren zum Versand bereit, noch bevor der Kunde überhaupt bestellt hat.

Conversational Commerce

Ein weiterer großer Trend im E-Commerce ist der sogenannte *Conversational Commerce*[16]. Dieser Begriff fasst die digitale und automatische Interaktion mit Kunden zusammen. Dazu gehören unter anderem Chatbots, digitale Assistenten, oder multimodale Suchfunktionen im Onlineshop. Die Informationsübermittlung über soziale Medien und Mobile Apps nimmt stetig zu – und wird auch vor dem B2B-Bereich nicht Halt machen. Auch Maschinenbauunternehmen sollten diesen Trend beobachten und – je nach digitalem Reifegrad – für sich nutzen. Denn: *Conversational Commerce* kreiert verbesserte interaktive Nutzererlebnisse.

Wer Mobile oder Web-Apps mit Produktkatalogen entwickelt oder mit der Maschine vernetzt, kann das Einkaufserlebnis um eine Ebene erweitern. Beispielsweise können App- oder Website-Nutzer angeben, wie hoch die Maschinenauslastung und Betriebszeiten sind. Ein Chatbot in der App (oder auf der Website) kann dann Empfehlungen abgeben, wann es Zeit für einen Wartungsservice ist, oder wann ein Ersatzteil nachbestellt werden sollte. Der Nutzer kann auch Feedback geben und die Einstellungen verfeinern. Die Kunden werden somit direkter in den Kaufprozess eingebunden. Die Anbieterseite erhält entsprechende Daten zum Nutzerverhalten und kann ihre Angebote verbessern. Mit *Conversational Commerce* können Unternehmen ihren Kunden also ein digitales Tool zur Hand geben, dass die Interaktion verbessert, einen spürbaren Mehrwert bietet – und den *unique selling point* (USP) am Markt untermauert.

Communities bilden

Ein weiterer sehr wirksamer Kanal, um die Kundenanforderungen zu analysieren, ist eine eigene Anwender-Community: Die Nutzer der Maschinen tauschen sich in einem Forum oder in einem eigenen geschlossenen sozialen Netzwerk untereinander aus und liefern Input, was der Anbieter an seinen Maschinen verbessern könnte. Nachfolgend ein Beispiel aus der Interim-Management-Praxis des Autors:

Ein Maschinenbauunternehmen im Bereich Zerspanung hatte begonnen, eine Anwender-Community aufzubauen. Die Mitglieder erhielten Zugang zu exklusiven Informationen, wie zum Beispiel zu neuen Produkten, die kurz vor dem Release standen. Sie wurden bei Bestellungen bevorzugt behandelt und hatten Zugang zu Experten, die in schwierigen Fällen als Anwendungsberater zur Verfügung standen, zum Beispiel bei erhöhtem Werkzeugverschleiß. In dieser Community wurden bald interessante Fakten geteilt und die Mitglieder begannen, sich gegenseitig zu helfen.

Aus einer Diskussion über Wartung und Pflege entstand die Idee, ein Diagnosegerät zum Zustand der Werkstücke zu bauen, das automatisch die Qualität der Endprodukte analysierte und sukzessive Informationen über Einstellungen und Programmierung der Maschine sowie der Werkzeugnutzung sammelte. Daraus leitete zunächst der Maschinenhersteller Tipps und Tricks für seine Kunden ab. Das brachte ihm in seiner Service-Orientierung eine Imagesteigerung und eine signifikante Verbesserung der Kundenzufriedenheit ein. Mit steigender Datenmenge wurde es möglich, mit einfachen KI-Algorithmen (Künstliche Intelligenz) Anwenderhinweise für den Maschinenbediener zu generieren, die die Qualität der Werkstücke verbesserte, den Ausschuss und die Abnutzung der Werkzeuge reduzierte. Das Diagnosegerät kann heute im Online-Shop gekauft und über den Service mit kundenspezifischen Messungen ergänzt werden.

Customer Centricity und Emotionen

Dieses Beispiel zeigt: Der Perspektivwechsel von der Produktorientierung hin zu Kundenorientierung gelingt auch im B2B-Bereich über Kollaboration und Einbeziehung der Kunden in den Entwicklungsprozess. Gemeinschaft erzeugt positive Emotionen. Und jeder Käufer, selbst der rationalste, trifft unterbewusst eine emotionale Entscheidung, während die rationalen Kaufargumente im Bewusstsein sind. Das Beispiel mit der Anwender-Community erzählt eine Geschichte, die den neuen Service emotionaler darstellt – und auch für andere potenzielle Käufer interessant macht. Für die Anbieterseite gilt es also, ihre Angebote mit einer Geschichte zu verbinden – und mit den Unternehmenswerten.

Ist die Maschine umweltfreundlich? Werden verwendete Rohstoffe durch Umweltinitiativen ausgeglichen? Ist das Produkt in einem praxiserprobten Kollaborationsprojekt unterschiedlicher Akteure entstanden? Können Sensoren in der Maschine die Stimmung und das Konzentrationsniveau des Maschinenbedieners lesen und somit Arbeitsunfällen vorbeugen? Es gibt unterschiedlichste Ansatzpunkte für die Emotionalisierung einer Maschine. Das Gesamtbild des Unternehmensauftritts, die Website-Inhalte (zum Beispiel User Storys) tragen ebenfalls zu der Geschichte bei.

Ein weiteres Beispiel: Der Industriezulieferer Continental arbeitet gemeinsam mit Landmaschinenherstellern an sogenannten *Smart-Farming*-Lösungen. Autonom fahrende, mit Sensoren bestückte Landmaschinen sorgen für eine effizientere und umweltschonendere Ernte. Drohnen liefern Daten zur Höhe und zum Zustand der Pflanzen und Böden, Roboter im Flottenverband ernten die Pflanzen, pflügen den Acker, reichern den Boden mit Mineralien an oder werden zum präzisen Unkrautjäten eingesetzt.[17] Das Projekt an sich ist schon spektakulär: Natürlich kommuniziert Continental dieses Projekt auch in unterschiedlichen Kanälen, Beiträgen und Videos. Das Unternehmen erzählt eine Geschichte damit und weckt somit Emotionen und das Interesse potenzieller Kunden.

Den Faktor Mensch bewahren

Und genau das ist im B2B-Vertrieb wichtig: Durch die Emotionalisierung und das Erzählen solcher Geschichten bringen Unternehmen mehr Menschlichkeit in ihr Angebot. Und den

Faktor Mensch sollten sich Unternehmen in unserer zunehmend technologisierten Welt bewahren. Der Ausbau des Onlinegeschäfts im Maschinenbau bildet zwar die Grundlage. Aber ein schneller Zugang zu einem Berater muss ebenfalls gegeben sein. Der Web-Shop sollte einfach strukturiert und die Nutzung angenehm und intuitiv sein – und gleichzeitig sollten Besucher auch sehen: Berater sind jederzeit per Video verfügbar. Für komplexe Beratungen können Termine online angefragt werden. Auf Wunsch kommt der Kundenberater zum Kunden, was bei der Komplexität der Produkte für die punktgenaue und schnelle Beantwortung der Fragen sorgt.

Sehr häufig ist das menschliche Produkt- und Anwendungswissen gefragt, um eine Maschine zu konfigurieren oder eine Anlage zu planen. Je komplexer das Endprodukt ist, desto wichtiger wird die menschliche Interaktion. Zwar gibt es bereits Online-Konfiguratoren, die die Zusammenstellung einer individuellen Maschine oder eines Apparates ermöglichen. Gerade bei individuellen Konstruktionen, die mit aufwändigen CAD-Zeichnungen erfolgen, ist der Mensch aber (noch) notwendig. Bei Serien- und für den Kunden angepassten Maschinen ist die Konfiguration des Endproduktes elektronisch möglich – inklusive der Auflösung der Stücklisten und der Preisermittlung. Softwarehäuser, die solche Produkt-Konfiguratoren anbieten, machen die Erfahrung, dass häufig eine menschliche Bestätigung der richtigen Konfiguration gewünscht ist, um die eigene Unsicherheit zu überwinden. Oftmals wird erst einmal ein Entwicklungsauftrag erteilt. Ist der Kunde mit dem Resultat zufrieden, erteilt er den Herstellungsauftrag.

Viele Maschinen oder gar ganze Maschinenparks können heute als „Digitaler Zwilling" abgebildet werden. So kann die Kundenseite die Maschine erst einmal in der digitalen Welt testen, bevor sie sich für den Kauf entscheidet. Auch können beide

Seiten sich mit einer Virtual-Reality-Brille in der digitalen Umgebung aufhalten und der Verkäufer kann dem Interessenten die Bedienbarkeit der Maschine erklären. Gerade zu Corona-Zeiten können Verkäufer mit *Augmented Reality* oder *Virtual Reality* (AR und VR) ein Verkaufsgespräch remote anreichern und der Käuferseite über die Entfernung zeigen, wie die Maschine in verschiedenen Anwendungsszenarien funktioniert. Fernwartung und Fehlersuche wird heute z.T. bereits mit diesen Technologien durchgeführt. IIoT ermöglicht präventive Wartung und Datenauswertung, um beispielsweise den Verschleiß an einer Maschine und den Werkzeugen zu reduzieren.

Wichtig ist auch hier, möglichst früh im Verkaufsprozess eine persönliche Beratung anzubieten. Der Interessent weiß nicht, was er nicht weiß. Der erfahrene Verkäufer kennt die verschiedenen Anwendungsszenarien und stellt die richtigen Fragen. Sehr häufig tritt der eigentliche Bedarf der Käuferseite erst bei einem Beratungsgespräch zutage. Diesen Mehrwert im Verkaufsprozess können bisher nur wenige Systeme wahrnehmen – auch wenn sich das in Zukunft bestimmt ändern kann. Momentan gilt nach wie vor: Menschliches Vertrauen aufzubauen ist ein essenzieller Bestandteil im Verkaufsprozess. Ohne Vertrauen wird es auch online nicht funktionieren. Weder beim Verkauf von Maschinen und Anlagen noch bei der Nutzung innovativer Services, die mit der gekauften Maschine kommen. „Auch das macht deutlich, dass der Megatrend Konnektivität im Kern weniger auf technologischen Novitäten beruht als auf sozialen Resonanzen“ (Zukunfts-Institut: Megatrend Konnektivität). Wir werden zwar dem Algorithmus viel übergeben, dennoch wird die menschliche Komponente in einer Geschäftsbeziehung wichtig bleiben.

Ansätze für ein erfolgreiches Transformationsmanagement

Marketing und Sales digitaler auszurichten ist eine Transformation. Und Transformation bedeutet oftmals eine drastische Veränderung.

Aus Führungssicht sollte Transformation aber vor allem eine große Chance sein, das Unternehmen voranzubringen. Wie jede Art des Wandels ist auch eine Transformation kein Spaziergang, sondern eine Abenteuerreise mit unbekannten Gefahren und Hindernissen – aber eben auch mit großen Wachstumschancen und Verbesserungsaussichten der Marktposition. Starke Führungspersönlichkeiten betreiben ohnehin täglich *Transformation as usual*, weil sie das Unternehmen mitgestalten. Verantwortliche im Maschinenbau sollten den digitalen Wandel also trotz aller Ernsthaftigkeit sportlich nehmen und Spaß an den Herausforderungen haben. Denn: Sie sind Teil einer spannenden und richtungsweisenden Veränderung in ihrer Organisation.

Der Führung kommt im Transformationsprozess eine besondere Aufgabe zuteil. Es gilt, die Mitarbeitenden mitzunehmen und auch in Phasen der Unklarheit und Unsicherheit den Kurs im Auge zu behalten, das operative Tagesgeschäft weiterzuführen und gleichzeitig die Weichen zu stellen für den Weg Richtung Neuland. Eine Transformation ist eine Doppelbelastung für alle Beteiligten. Sie erfordert einen experimentierfreudigen, transformativen und partizipativen Führungsstil, agile Arbeitsformen, Krisenerfahrung und Resilienz. Es gilt, ein Zielbild zu erarbeiten und in das Unternehmen zu tragen, um gemeinsam mit der Belegschaft den Wandel gestalten und ihm eine Bedeutung geben zu können. Folgende zehn Faktoren sind bei der Transformation[18] erfolgsentscheidend:

1. Das Führungsteam einschwören

Wandel ist mit Phasen der Unsicherheit verbunden und kann für Verantwortliche auch ein Gefühl des Kontrollverlusts hervorrufen. Das alte, sichere Führungsterritorium verändert sich, Verantwortungsbereiche verschieben sich und werden neu sortiert. Das kann für Führungspersönlichkeiten schmerzhaft sein.

Darüber sollte die Geschäftsführung transparent mit ihren Führungsteams sprechen und klarstellen: Hier geht es um den Erfolg der Organisation. Individuelle Interessen Einzelner müssen sich dem Interesse des Unternehmens unterordnen. Bei einer Transformation müssen Sie als Führungskraft danach handeln, was das Beste für das Unternehmen ist. Hilfreich ist hierbei, sich in Workshops mental in die nahe Unternehmenszukunft zu begeben. Wer in die Zukunft denkt, kommt innerlich direkt in der „neuen Welt“ an und hat einen ganz anderen *Sense of Urgency*.

2. Veränderungsbereitschaft

Ohne Mitarbeiterengagement keine Transformation! Es ist Aufgabe der Führung, den Reifegrad der Transformationsfähigkeit ihrer Teams festzustellen.

Die Teams können sich nach dem von Frederic Laloux (2014) weiterentwickelten Graves-Modell in unterschiedlichen Mindset-Stadien befinden. Leadership bedeutet in diesem Zusammenhang also zu erkennen: Wo stehen die Mitarbeiter? Wie erreichen und wie befähigen wir sie für das Transformationsvorhaben? Und wie sollten wir sie abholen, damit auch sie mental in die Zukunft denken und das Gespür der Veränderungsnotwendigkeit entwickeln?

3. Qualifizieren

Mitarbeiterbefähigung ist ein essenzieller Bestandteil im Transformationsprozess. Die Herausforderung des Leadership ist es, zu identifizieren:

- welche Skills in den Teams vorhanden sind,
- welche Skills benötigt werden,
- wann der passende Zeitpunkt ist, nötige Qualifizierungen durchzuführen.

Eine Transformation ist eine Doppelbelastung. Darum ist es oftmals schwierig, Mitarbeiter zusätzlich in Trainings und Weiterbildungen zu schicken. Idealerweise haben die Verantwortlichen die notwendigen Skills *vor* dem Transformations-Kick-Off identifiziert und können die Beschäftigten schon in der Vorbereitungsphase auf den Umbruchprozess für die nötigen Skills befähigen. Manchmal kommen notwendige Kompetenzen aber auch erst im Laufe der Transformation zum Vorschein.

4. Transparente Kommunikation

Die Verantwortlichen und die interne Kommunikationsabteilung müssen über den gesamten Zeitraum des Wandels kommunizieren. So geben sie ihm eine Bedeutung und können alle Mitarbeiter in die Kommunikation einbeziehen. Dann fällt niemand zurück in alte Verhaltensmuster. Vor allem die Führungskräfte sollten sich während des Transformationsprozesses als Ansprechpartner auf Augenhöhe anbieten. Leadership in der Transformation bedeutet, in den Dialog zu treten: Coffee Breaks, „Meet the Chief"-Runden oder ähnliche Formate sorgen für emotionale Nähe mit den Mitarbeitern – und stärken die Bereitschaft zur Veränderung.

5. Die Doppelbelastung annehmen

Die Transition von Alt nach Neu stellt eine Doppelbelastung dar. Das gehört dazu und ist wichtig. Neue Themen müssen erst einmal erarbeitet werden, während alte Potenziale noch ausgeschöpft werden können. Es ist Aufgabe der Führungskräfte, die Wichtigkeit dieser phasenweisen Beidhändigkeit zu kommunizieren.

Dabei sollte nicht die Mehrbelastung im Fokus stehen, sondern das Ziel. Für das Leadership ist also entscheidend, gemeinsam mit allen Beteiligten das „Ende des Tunnels" anzuvisieren – und dem Ziel wie eine Rudermannschaft Schlag für Schlag näherzukommen.

6. Widerstände erkennen

Widerstände gehören zum Wandel dazu. Die Herausforderung ist, sie rechtzeitig zu erkennen oder ihnen präventiv zu begegnen. Dazu sollten Verantwortliche verstehen, warum sich manche Menschen dem Wandel widersetzen. All diesen Widerständen können Verantwortliche mit transparenter Kommunikation entgegenwirken.

Dabei sollten sie die Zweifel und die Ängste der Beschäftigten ernst nehmen und ihnen zur Verfügung stehen, um sie aus dem Weg zu räumen. Wer die Betroffenen zu Beteiligten macht, versteht auch schnell die Hintergründe potenzieller Widerstände – und kann sie gemeinsam beheben.

7. Change-Agents identifizieren

Neben Widerständen gibt es immer von Anfang an eine Anzahl an Mitarbeitern, die den Veränderungskurs aktiv mitgehen, und die mit ihrer Begeisterung und ihrem Elan auch andere Kolleginnen und Kollegen anstecken. Je früher Verantwortliche diese Change-Agents identifiziert haben, desto eher können sie sie aktiv einsetzen. Denn sie sind wahre Transformationsmultiplikatoren und Change-Ansprechpartner für die anderen. Sie sind interne Influencer, die während des Transformationsprozesses eine Art soziale Leadership-Funktion im Team innehaben. Sie sind eine Schnittstelle zwischen Führungsetage und Shopfloor-Ebene – unterstützen das Führungsteam und verstärken es in der Basis.

8. Customer Centricity

Um in Zukunft als Unternehmen einen sichtbaren und spürbaren Mehrwert für die Kundenseite zu bieten, sollten Verantwortliche den gesamten Transformationsprozess unter einer kundenzentrierten Ausrichtung gestalten. Das bedeutet, Kundenthemen, Trends, Herausforderungen und Gewinnchancen der Kunden zu kennen und in die Organisationsveränderung einzubinden.

9. Eine vielfältige Lernkultur etablieren

Leadership in der Transformation bedeutet Verantwortung für viele. Je vielfältiger die Perspektiven, desto vielseitiger die Problembeleuchtung – und desto kreativer die Ansätze. Es ist wichtig, eine Kultur zu etablieren, in der sich niemand für eine Entscheidung rechtfertigen muss. Hier dürfen unterschiedliche Meinungen ausgefochten werden, weil die auf Respekt und Wertschätzung basierende Kultur dies ermöglicht. Fehler werden überall gemacht. Sie *nicht* auszusprechen, ist die wahre Gefahr.

10: Datenintegration und cross-industrieller Benchmark

Um die Veränderungsfähigkeit der Organisation messen und analysieren zu können, ist es notwendig, Zugriff auf die richtigen Daten zu haben. Dabei geht es vor allem um die internen Unternehmensdaten zu Prozessen, Abläufen, Performance und Produktivität. Darüber hinaus ist es auch hilfreich, sich erfolgreiche Transformationen aus anderen Branchen anzuschauen – und mit den Unternehmen in den Dialog zu treten. Dadurch erhalten Verantwortliche Benchmark-Daten, die sie auf die eigene Organisation anwenden können.

Resümee: die digitale Basis schaffen

Als Interim Manager für digitale Geschäftsentwicklung kann ich Maschinenbauunternehmen nur raten: Machen Sie heute ihre digitalen Hausaufgaben, damit Sie die Basis schaffen für die weiteren Digitalisierungsschritte von morgen. Die Digitalisierung hat erst begonnen. Integrieren Sie ihre Daten und Systeme. Schaffen Sie nahtlose Prozesse im Unternehmen. Implementieren Sie die Basistechnologien für Marketing und Sales. CRM, Content Management, Analytics, Targeting, Marketingautomation, automatische Mediaplanung, Communities und E-Commerce. Wenn diese Basis geschaffen ist, fällt es Ihnen viel leichter, digitale Service-Lösungen zu entwickeln, weil sie eine solide Datengrundlage haben und weil Ihre Beschäftigten wissen, was Ihre Kunden wollen – und die Kunden unmittelbar in den Entwicklungsprozess eingebunden sind.

Literaturverzeichnis zu diesem Beitrag

zukunftsInstitut, Megatrends Dokumentation
https://www2.deloitte.com/de/de/pages/energy-and-resources/articles/maschinenbau-2030.html

Gartner Says 80% of B2B Sales Interactions Between Suppliers and Buyers will Occur in Digital Channels by 2025
https://www2.deloitte.com/de/de/pages/energy-and-resources/articles/maschinenbau-2030.html

Digital Machinery Decoded, Porsche Consulting
https://www.porsche-consulting.com/fileadmin/docs/02_Erfolge/erfolgsgeschichten_leistungsangebot/files/de/Porsche_Consulting_Digital_Machinery_Decoded.pdf

Service is the new sales, Accenture Interactive
https://www.accenture.com/_acnmedia/PDF-108/Accenture-Service-Is-The-New-Sales.pdf

Neue Wirtschaftsordnung: Branchengrenzen lösen sich auf, Mega-Cluster entstehen, chemie.de
https://www.chemie.de/news/1156260/neue-wirtschaftsordnung-branchengrenzen-loesen-sich-auf-mega-cluster-entstehen.html

Gisbert Rühl, Xing
https://www.xing.com/news/klartext/ich-kannibalisiere-mein-geschaft-bevor-andere-es-tun-1329)

Was versteht man unter Inbound Sales, divia
https://www.divia.de/blog/was-versteht-man-unter-inbound-sales

Beispiele und Kriterien für die Einteilung von Märkten und Kunden, business-wissen.de
https://www.business-wissen.de/artikel/marktsegmentierung-beispiele-und-kriterien-fuer-die-einteilung-von-maerkten-und-kunden/

Daily Sales Tips, Using Compelling Events to Close Deals
https://top1.fm/DailySalesTips/sales-tip-675-using-compelling-events-to-close-deals/

EU-Datenschutz-Grundverordnung (EU-DSGVO)
https://www.datenschutz-grundverordnung.eu

Was bedeutet Conversational Commerce, messengerpeople by sinch
https://www.messengerpeople.com/de/was-bedeutet-conversational-commerce/

Continental nimmt Agrargeschäft weiter in den Fokus und setzt Schwerpunkt auf Smart Farming, Continental Pressemeldeung 19. August 2019
https://www.continental.com/de/presse/pressemitteilungen/smart-farming/

Transformation und Leadership, Peter Kuhle und Eckhart Hilgenstock
https://hilgenstock-hamburg.de/wp-content/uploads/2021/11/Transformation-und-Leadership-neu.pdf

Der Stellenwert von Führung und Management

Peter Lüthi, CEO & Inhaber PL-CONSULTING GmbH, der Spezialist für gesamtheitliche Produktionssysteme

Welchen Einfluss Führung und Management auf das Resultat meiner Mandate als Interim Manager im Maschinen- und Anlagenbau hatten

Sowohl im Management wie auch im Projektmanagement geht es immer wieder um die gleiche zentrale Frage: Wieviel Fachkompetenz und wieviel Kompetenz in Führung und Management braucht es für eine bestimmte Aufgabe und welche der beiden Kompetenzen ist wichtiger oder ist stärker zu bewerten?

In meinem Fachbeitrag möchte ich beleuchten, welchen Einfluss Führung und Management auf das Resultat meiner Mandate hatten und welche gemeinsamen Faktoren zum Erfolg führten.

Der Beitrag richtet sich sowohl an Interim Manager als auch an Manager in Festanstellung, die im industriellen Umfeld tätig sind. Da Projektmanagement in den überwiegenden Fällen zu mindestens 50 Prozent aus Führung und Management besteht, können nicht nur Führungskräfte aus der Linie, sondern auch Projektmanager von meinen Erfahrungen profitieren. Inzwischen darf ich auf über 45 Jahre Führungserfahrungen aus Militär und Beruf sowie als Chordirigent zurückblicken.

Was verstehe ich unter Führung und Management

Beim Thema Führung und Management denken viele vor allem an **Führungsstil**, an die Art und Weise, wie jemand seine Führungsfunktion wahrnimmt, wie er oder sie auftritt, in welcher Form er unterstellten Menschen Anweisungen gibt, und wie er oder sie mit ihnen spricht. Wahrscheinlich tauchen dann im Kopf Bilder von typischen Führungskräften auf, vielleicht von militärischen Chefs, die ihre Soldaten im Krieg führen, oder von einer Politikerin, die während vieler Jahren eine Nation fast wie eine „Mutter“ durch viele Krisen „führte“. Vielleicht kommen auch Bilder einer strengen Mutter, bei der alles nach fixen Regeln ablaufen musste, und bei der auf jeden kleinsten Regelverstoß eine Strafe folgte. Vielleicht war man dieser Mutter aber später auch dankbar, weil sie der Grund war, dass man eine höhere Ausbildung machte. Fast sicher denken die meisten an den einen oder anderen Chef oder eine Chefin, den oder die man hatte, an die Eigenschaften die man bewunderte oder die man haßte. Man denkt eben an die verschiedenen Führungsstile, militärischer, humanorientierter, patriarchalischer, kooperativer, hierarchischer oder partizipativer Führungsstil.

Führungsstil ist zwar etwas Wichtiges, nach meiner Überzeugung jedoch in Führung und Management nicht das Allein-Seligmachende. Führungsstil ist etwas sehr Persönliches und eben stark von der **Persönlichkeit** der Führungskraft abhängig. Und das ist auch gut so. Ein Manager soll immer authentisch sein und nie wie ein Schauspieler oder eine Schauspielerin eine „Rolle“ spielen. Darum muss sich jede Führungskraft auch damit abfinden, dass seine Persönlichkeit nicht bei jedermann Zustimmung findet. Vielleicht passt jemandem die Nase nicht, oder die Stimme klingt unsympathisch, oder seine Ausdrucksweise wirkt abstoßend. Es heisst nicht von ungefähr: „Allen Leuten recht getan, ist eine Kunst, die niemand kann". Als Chef und Manager muss man sich dessen immer bewusst sein und auch damit leben. Natürlich gibt es persönliche Eigenschaften, die sich in der Führung eher negativ auswirken. Wenn jemand mit dem Schnellzug durch die Kinderstube gerast ist, dann wird diese Person in Kauf nehmen müssen, dass sie sich als Chef nicht viele Freunde macht und insbesondere wenig Vertrauen gewinnen kann. Und Vertrauen, darauf werde ich in diesem Fachartikel intensiv eingehen, stellt ein zentrales Element einer erfolgreichen Führung dar.

Was außer Stil ist entscheidend in Führung und Management? Ich hatte einmal einen Chef mit einem sehr „patriarchalischen" Führungsstil. Er war auch der „Patron" der Firma. Zu Beginn hatte ich viel Mühe mit diesem Stil, und ich machte mir bereits Gedanken, den Job zu wechseln. Dann merkte ich aber, dass wir eine grosse Übereinstimmung bei den **Führungsgrundsätzen** hatten. Er war, wie ich auch, durch die militärische Führungsausbildung der Schweizer Armee geprägt worden. Auf den Führungsgrundsätzen fanden wir eine gemeinsame Basis, und wir lernten uns gegenseitig schätzen und achten. Es entstand zwar keine enge Freundschaft, wir gingen zum Beispiel nie zusammen ein Feierabend-Bier trinken. Aber wir haben noch heute miteinander Kontakt und tauschen uns am Jahresende aus, weil wir uns gegenseitig achten.

Ich erkannte, dass die Führungsgrundsätze viel entscheidender sind als der Führungsstil. Die Führungsgrundsätze habe ich bei meiner täglichen Führungsarbeit nicht nur ständig im Kopf, sondern bewege diese auch im Herzen. Sie sind also immer präsent, auch im Unterbewusstsein, und ich wende sie reflexartig an. Meine Führungsgrundsätze sind sehr stark durch Prof. Dr. Fredmund Malik geprägt und ich werde im nächsten Abschnitt näher darauf eingehen.

Neben Führungsstil und Führungsgrundsätzen erkenne ich noch eine dritte Ebene von Führungsaspekten. Es ist die **„operative Führung“**, der eigentliche „Output“ der Führung, also das, was konkret abläuft. Ein wichtiger Punkt dabei ist die **„Fachliche Führung“.** Wie in der Einleitung erwähnt, geht es oft um die Frage, welchen Stellenwert die Fachkompetenz hat, und wie wichtig diese ist. Eine gewisse fachliche Führung war und ist für mich in jeder Führungsaufgabe wichtig. Dabei geht es nicht darum, dass man alle Details kennt und in der Tiefe der Technologie mitreden kann. Es ist aber entscheidend, dass man die Zusammenhänge und vor allem die Auswirkungen von Entscheidungen beurteilen kann. Darum kommen für mich Mandate in fremden Fachgebieten nicht in Frage. Wenn ich mir das Fachwissen nicht in einer angemessenen Zeit aneignen kann, ist eine fachliche Führung nicht möglich, und damit würde ein wichtiger Teil der Führungskompetenz fehlen. Natürlich spielt dabei auch die Führungsstufe eine Rolle.

Als Beispiel möchte ich die militärische Führungsausbildung heranziehen (insbesondere im System der Miliz-Armee der Schweiz). Alle beginnen als Soldaten und lernen das entsprechende Handwerk. In der ersten Führungsstufe als Korporal (Gruppenführer) kann und muss man das Handwerk noch voll beherrschen, um dies auch den Soldaten vorzumachen. Vormachen ist immer noch die beste fachliche Führung, die man sich vorstellen kann. In der nächsten Führungsstufe als Zugführer hat man bereits viele andere Aufgaben und muss und kann unter Umständen nicht mehr das ganze Handwerk im gleichen Tempo wie die Soldaten ausführen. Aber man weiß immer noch, wie es geht, und erkennt auf Anhieb Fehler bei den Ausführenden, um korrigierend eingreifen zu können.

Ein weiterer Punkt der „operativen Führung“ ist die **„organisatorische Führung“**. Einfach ausgedrückt geht es hier darum, *wer was* macht. Im militärischen Entschlussfassungs-Prozess ist dies „der Auftrag“. Dieser Auftrag ist für alle unterstellten Verbände öffentlich einsehbar. Es ist sogar entscheidend zu wissen, welchen genauen Auftrag der Nachbarverband hat. Dieser muss auch in die eigene Entschlussfassung einfließen. Bei den Management-Grundsätzen geht es darum, zu erkennen, welchen Beitrag ich im Gesamtrahmen zu leisten habe. Insbesondere in der Projektarbeit spricht man von einer „To-Do-Liste“ oder von einer „Task-Liste“. In der Schweiz wird dazu oft auch der Ausdruck „Pendenzen-Liste“ verwendet. Die „organisatorische Führung“ ist eigentlich, so denken Sie wahrscheinlich, eine Selbstverständlichkeit. Es handelt sich dabei aber auch um eine Fleißarbeit, die mit Aufwand verbunden ist.

Und dies ist vielleicht auch die Schwierigkeit. Wenn die Zeit knapp wird, schiebt man das Führen oder Aktualisieren einer Task-Liste vor sich her mit der Ausrede. „Wir haben das soeben besprochen, und für jeden ist doch jetzt klar, was er und sie zu tun hat“. Bei sehr kleinen Organisationen und einfachen Aufträgen mag das durchaus Sinn machen. Insbesondere auch dann, wenn man den unterstellten Mitarbeitenden absolut vertrauen kann. Aber Hand aufs Herz, Ihnen wird es wahrscheinlich auch schon so ergangen sein wie mir. Auch als Auftragsempfänger habe ich schon Anweisungen „selektiert“. Wenn mir persönlich ein Auftrag als nicht prioritär oder sogar als nicht sinnvoll erschien und ich wusste, dass mein Chef diesen Auftrag auch nach ein paar Tagen selbst vergessen haben wird, entstand bei mir eine „selektive Wahrnehmung“.

Der letzte Punkt der „operativen Führung“ ist die **„menschliche Führung“**, alles, was mit Motivation und Wertschätzung zu tun hat. Diese Führung hat natürlich viel mit der eigenen

Persönlichkeit zu tun, und ist eben eine Frage des (Führungs-) Stils. Daher ist es gut, dass jede Führungskraft dies gemäß ihrer Persönlichkeit anpackt. Was ich hier nun trotzdem zum Besten gebe, trifft auf *meine* Persönlichkeit zu. Ich darf jedoch sagen, dass sich meine Persönlichkeit in den vielen Jahren der Führungserfahrung auch etwas gewandelt hat. Diese Fähigkeit zum Wandel ist vielleicht wieder eine Frage der Persönlichkeit. Ich bin auf alle Fälle dafür dankbar, denn ich lernte immer mehr und besser, wie ich das Vertrauen meiner unterstellten Mitarbeitenden gewinnen konnte. Dieses Thema „Vertrauen" werde ich später noch eingehender behandeln. Ein entscheidender Faktor sehe ich bei „mmMm" (man muss Menschen mögen). Das ist einfacher gesagt als getan. Auch ich ertappe mich gelegentlich, wie ich einen Menschen vorschnell in eine vordefinierte Schublade stecke. Dadurch verbaut man sich den Weg, das Potenzial eines Menschen zu erkennen, und daraus einen „Nutzen" für die Organisation oder das Projekt zu generieren.

Was mich und meine Führungskompetenz prägte

Militär / Malik / Musik (Chor-Singen)

Als erstes möchte ich das **Militär** nennen. Meine Dienstzeit umfasste immerhin über 1.100 Diensttage im Zeitraum von 30 Jahren. Die meiste Zeit fungierte ich als „Führungskraft", vom Korporal bis zum Kompanie-Kommandanten, und die letzten zehn Jahre noch als Stabsoffizier im Range eines Majors. Als Soldat in der Rekrutenschule beobachtete ich die Führungsarbeit der Unteroffiziere, und ich musste oft denken: „Das kann ich besser als die". Daraus entwickelte sich mein Entschluss zu einer militärischen Karriere. 1976 absolvierte ich die erste Führungsausbildung als Korporal, und da erlernte ich noch den „klassischen militärischen Führungsstil". Mit harter, lauter und bestimmter Stimme klare und eindeutige Befehle erteilen, und diese, wenn notwendig, auch mit Schreien durchsetzen. Keine Diskussionen oder Widerreden zulassen, und vor allem keine menschliche Nähe zeigen, das heißt, immer den „harten Hund“ markieren. Duzen war absolut verboten. Ich merkte bereits damals, dass es noch einen anderen Weg geben könnte. Und tatsächlich, 1978 absolvierte ich die Offiziersschule, und damals kamen die ersten Tendenzen von „Menschenorientierter Führung“ auf, zunächst nur als „kleines Pflänzchen“. Aber ich wusste sofort, das war eher „meine Welt“ in der Führung. Den meisten Offizieren der Schweizer Armee kommt dabei sicherlich der Autor Rudolf Steiger in den Sinn, der 1990 erstmals das Buch „Menschen-orientierte Führung, Anregungen für zivile und militärische Führungskräfte“ veröffentlichte. Ich besitze noch eine Ausgabe mit einem Vorwort von Bundesrat Kaspar Villiger, dem damaligen Vorsteher des Eidgenössischen Militärdepartements. Heute ist das Buch in der 19. Auflage erhältlich, mit einem etwas abgeänderten Titel.[19]

Der **„militärische Führungsstil“** hat in gewissen Situationen sicherlich seine Berechtigung. Bei einem Ernsteinsatz der Feuerwehr, einer Brandbekämpfung, käme es niemandem in den Sinn, anders als „militärisch“ zu führen. Klare und eindeutige Befehle und Gehorsam beim Ausführen sind entscheidende Faktoren des Erfolges. Die einzige Partizipation gibt es bei der Lagebeurteilung, da ist diese sogar erwünscht. Jeder Ressortchef soll und muss seine Inputs liefern, wie viele Einsatzkräfte mit welcher Ausrüstung (zum Beispiel mit Atemschutz) zur Verfügung stehen, ob sich noch Menschen oder Tiere im Objekt befinden ,oder auch problematische Stoffe, in welcher Distanz sich der nächste Wasseranschluss befindet, wieviel Wasser und Schaum sofort zur Verfügung stehen.

Ebenfalls erwünscht ist die Beurteilung der Situation. Der Entschluss wird einzig und allein vom diensthabenden Kommandanten gefällt, und anschließend gibt es nur noch Befehl und Ausführung, ohne Diskussion. Der Chef hat dafür zu sorgen, dass sein Befehl tatsächlich ausgeführt wird. Wenn es die Situation erlaubt oder sogar erfordert, dann geht der Chef voran. Dann sagt er „mir nach" und nicht „geht". Für jeden Feuerwehrmann und jede Feuerwehrfrau ist dieses Vorgehen von „militärischem" Befehl und Gehorsam bei einem Ernsteinsatz, einer Krisensituation, eine Selbstverständlichkeit. Auch im „normalen" Geschäftsleben gibt es Krisensituationen, bei denen ein „militärischer" Stil, zeitlich begrenzt, seine Berechtigung hat.

Nach der Krise ist sofort wieder ein „menschenorientierter" Stil gefragt. Dies ist auch bei der Feuerwehr so. Nach dem hoffentlich erfolgreichen Einsatz, dem Aufräumen und der Wiederherstellung der Ausrüstung, hat der Chef wieder einen „normalen" Ton, fragt, wie es geht, hilft, wo er kann, dankt für den geleisteten Einsatz, hört zu, ist an Feedback interessiert, um Lehren aus dem Einsatz zu ziehen, erklärt vielleicht, wieso er gerade zu diesem und nicht zu einem anderen Entschluss gekommen ist, ist offen für Kritik, und wenn er Fehler gemacht hat, dann gesteht er diese ein, und versucht nicht, sie zu kaschieren.

Die militärische Führungsausbildung prägte mich auch in der **Systematik der Entscheidungsfindung** mit den 5 (+2) Führungstätigkeiten.[20] Das systematische Durchlaufen der Prozesse (Problemerfassung, Beurteilung der Lage, Entschlussfassung, Planentwicklung und Befehlsgebung) sowie die parallelen Tätigkeiten (Zeitplanung, Sofortmaßnahmen), prägten mich nicht nur in der militärischen Führung, sondern auch im beruflichen Leben. Das systematische Vorgehen ist ein steter Begleiter meiner Entscheidungsfindungen, auch im beruflichen Alltag.

Prof. Dr. Fredmund Malik, Gründer und Verwaltungsratspräsident des Management Zentrums St. Gallen, prägte ebenfalls mein Verständnis von Führung und Management. 1995 absolvierte ich die „Malik Management Summer School", und da durfte ich Fredmund Malik persönlich kennen lernen. Auch wenn ich gegenüber charismatischen Persönlichkeiten oft eher kritisch eingestellt bin, war ich von ihm als Mensch und Wissenschaftler tief beeindruckt. Basierend auf den bis dahin gemachten Erfahrungen erkannte ich die Wichtigkeit und Richtigkeit seiner Aussagen und Thesen. Mit seinem Buch „Führen Leisten Leben"[21] erweiterte und festigte ich meine Kompetenzen in Führung und Management ganz entscheidend. Stellvertretend möchte ich nachfolgend zwei Dinge hervorheben.

Die Wirksamkeit von Führungskräften. Wirksamkeit ist mehr als Effizienz und Effektivität. Es ist der Schlüssel dazu, wie man mit „gewöhnlichen Menschen" außerordentliche Ergebnisse und Leistungen erzielen kann. Wieso die Basis von „gewöhnlichen Menschen"? Malik beschreibt das, was ich in meinen über 45 Jahre Führungserfahrung immer wieder erfahren habe. Die „ideale Führungskraft", den „Super-Manager", wie er oft in Inseraten gesucht wird, gibt es in der Realität praktisch nicht, und wenn, dann nur äußerst selten. Auf alle Fälle gibt es davon zu wenige, um all die Führungsaufgaben auf der Welt wahrzunehmen, um eine funktionierende Gesellschaft und Wirtschaft zu haben. Darum haben wir meistens keine andere Wahl, als „gewöhnliche Menschen" einzusetzen. Das Einzige, was es dazu braucht ist, sich selber und seine Mitarbeitende „wirksam" zu machen. Wie das geht, beschreibt Malik in verständlichen Worten und mit vielen Beispielen. Persönlich darf ich immer wieder erfahren und erleben, dass es auch funktioniert.

Ich erwähnte bereits, dass Führungsstil nicht das allein Seligmachende ist. Für mich sind die **Führungsgrundsätze** viel entscheidender. Dabei stütze ich mich auf die sechs Führungsgrundsätze von Malik, wie er sie auch im erwähnten Buch beschreibt. Wieso sind Führungsgrundsätze so wichtig? Für mich sind sie das Navigationssystem von Führung und Management. Sie geben Orientierung in allen Situationen, geben meiner Führungsarbeit eine klare Struktur und dadurch auch Sicherheit. Sie sind Berater und Unterstützer bei den täglichen Entscheidungen. Darum trage ich sie, wie bereits erwähnt, im Kopf und im Herzen. Sie erscheinen allen Führungskräften, die bereits gewisse Erfahrungen gemacht haben, sofort als logisch und plausibel. In meinen Mandaten fungiere ich immer wieder als Coach und Berater, auch bezüglich Führung. Dabei habe ich noch nie erlebt, dass jemand den einen oder anderen Grundsatz ablehnte oder in Frage stellte. Je mehr Führungserfahrungen man sammelt, desto stärker erkennt man die Kraft und den Nutzen dieser Grundsätze. Oft vergleiche ich sie mit den Gefechtsgrundsätzen in der militärischen Taktik. Einige sind absolut vergleichbar, werden jedoch einfach mit anderen Worten ausgedrückt.

Im Militär heißt ein Grundsatz: „Konzentration der Kräfte“, und bei Malik ist es der dritte Grundsatz und heißt „Konzentration auf weniges“. Dieser Grundsatz ist, sage ich oft, speziell für mich persönlich gemacht. Wenn ich in einem Mandat als Produktionsleiter durch die Produktionshalle gehe, dann sehe ich oft Dutzende von Dingen die man im Sinne von „Lean Production“ verbessern und korrigieren könnte. Zurück am Arbeitsplatz muss ich dann oft in mich gehen und mich fragen: „Was ist jetzt das wichtigste, was packst Du an, und was lässt du sein". Mit zu vielen Dingen gleichzeitig überfordert man nicht nur sich selbst, sondern auch seine Mitarbeitenden. Und es ist besser, nur *eine* Angelegenheit anzupacken und diese auch umzusetzen, um einen Nutzen daraus zu ziehen, als zehn Dinge gleichzeitig anzufangen, und nichts davon zum „Fliegen" zu bringen.

Mein „Lieblings-Grundsatz" ist der **fünfte Grundsatz: „Vertrauen".** Für mich ist es das „Lean-Element im Management". Ich will keine Rangliste der Wichtigkeit der sechs Führungsgrundsätze aufstellen. Alle sind wichtig und leisten ihren Beitrag. Für mich ist es der „Lieblings-Grundsatz", weil er mich im Laufe meines Lebens und meiner Laufbahn prägte, und quasi mein „Weltbild" veränderte. Am Anfang meiner beruflichen Karriere war meine Welt ziemlich „viereckig", etwa so, wie ein Bildschirm es ist. Ich war stark von der Technik und als Elektro-Ingenieur auch von Bildschirmen und Computern geprägt. Ich erinnere mich noch sehr genau an ein Erlebnis, fast, als wäre es gestern gewesen. Wir hatten ein internes Seminar zu Führungskultur und mussten auf einem Flip-Chart die „ideale Apparate-Fabrik" zeichnen.

Voller Enthusiasmus zeichnete ich oben einen Trichter, in dem Material eingefüllt wurde, in der Mitte einige Zahnräder, die dieses Material zu einem Apparat verarbeiteten, und diesen unten auf ein Band zum Abtransport legten, also eine völlig automatisierte Fabrik. Der Seminarleiter betrachtete interessiert mein Bild und dann fragte er mich: „Und wo sind die Menschen?" Diese hatte ich völlig vergessen. Dieses, man kann sagen, Schlüsselerlebnis, setzte bei mir einen Denkprozess in Gang. Wieso hatte ich die Menschen vergessen? Waren die in meiner „Welt" nicht wichtig, oder welchen Stellenwert hatten sie? Was drückte das über meinen Charakter aus? Gleichzeitig gab es ein anderes Ereignis in meinem Leben, das mich stark prägte und diesen Denkprozess unterstützte. Es war die Scheidung von meiner ersten Frau. Malik beschreibt in seinem Buch „Führen Leisten Leben", dass sich der Charakter eines Menschen nicht grundlegend verändern kann, außer durch ein außerordentliches Ereignis.

Auch wenn dieses „Ereignis" am Anfang nicht einfach zu verdauen war, so bin ich heute doch sehr dankbar dafür, dass ich mich verändern konnte, und dies meinen Charakter beeinflusste. Heute steht der Mensch im Zentrum all meiner Tätigkeiten und insbesondere meiner Aufgabe als Führungskraft. Und das nicht nur, weil es „Mode" geworden ist, sondern weil es mein innerstes Bedürfnis ist. Wenn ich darüber spreche, dann schwingt mein Herz mit, und das ist mehr, als wenn eine Aussage nur aus dem Kopf und dem Verstand heraus kommt. Darum ist Vertrauen mein Lieblings-Führungsgrundsatz.

Als letzten Punkt möchte ich aufzeigen, wie meine Tätigkeit als **Chordirigent** meine Führungskompetenz beeinflusste. Es gibt einige Erkenntnisse, die sich auf das Berufsleben und das Zusammenspiel in anderen Organisationen übertragen lassen. Die Erfahrungen, die ich machen durfte, waren stets mit gemischten Chören, also mit Frauen (Sopran und Alt) und Männern (Tenor und Bass). Es waren ausschließlich Kirchenchöre, die für Vorträge während Gottesdiensten oder für Weihnachtskonzerte in der Kirche übten. Die Anzahl der Sängerinnen und Sänger lagen jeweils zwischen einer Handvoll (mindestens eine Person pro Stimme, manchmal war ich auch persönlich die einzige Tenor-Stimme) bis ca. 30. Wenn Sie jetzt denken, die Verantwortung über 30 Personen sei doch nicht viel, dann müssen Sie bedenken, dass es eine „direkte Führung" ist. Eine Führungsspanne bei 30 direktunterstellten Mitarbeitenden ist ungewöhnlich hoch. Im Normalfall liegt diese bei maximal sieben.

Als ersten Punkt möchte ich **„das Vormachen"** erwähnen. Ein Chordirigent, der selbst vorsingen kann, und zwar alle vier Stimmen, hat entscheidende Vorteile. Einerseits ist die Chorprobe viel effizienter, weil er Fehler unmittelbar korrigieren kann. Andererseits kann er „vormachen" wie gesungen werden soll, mit welchem „Ausdruck", zum Beispiel, ob schnell oder langsam, laut oder leise. Vormachen ist in diesem Fall um Faktoren besser als dies mit Worten zu beschreiben. Ich habe dies bereits bei der militärischen Ausbildung erwähnt. Auch im Berufsleben ist „Vormachen" immer noch die Königsdisziplin, und es gibt viele Bereiche, bei denen das in der Praxis möglich ist.

Ein direkter Vorgesetzter sollte den Prozess einer Materialbuchung in einem Lager selbst vormachen können, und zwar auf die effizienteste Art und Weise. Er sollte von Zeit zu Zeit dies auch überprüfen, ob es immer (noch) wie vereinbart und in einem Dokument beschrieben ausgeführt wird. Ein übergeordneter Chef hat ebenfalls immer wieder die Gelegenheit „vorzumachen", wie man zu den „Untergebenen" spricht, wie man sich verhält. und welchen Umgang man mit den direktunterstellten Mitarbeitenden hat. Als Chordirigent durfte ich schon von Zuhörern das Kompliment entgegennehmen, dass sie beim Vortrag des Chores die Art und Weise meines Singens herausgehört hätten. Wenn das eigene „gute" Beispiel oder eben das Vormachen Schule macht, dann ist dies auch Genugtuung und Antrieb, um noch besser zu werden. Natürlich kann auch das Gegenteil passieren, dass „schlechte" Eigenschaften Schule machen. Sehr gut kann man das bei den eigenen Kindern erkennen, wenn sie plötzlich Dinge tun oder sagen, von denen man weiss, dass sie nicht zu den eigenen „Stärken" zählen.

Die Freude ist als Chordirigent ein entscheidender Faktor, die Freude am Singen, am Zusammenspiel der Stimmen und der Sängerinnen und Sänger. Ich würde sagen, ohne Freude kann man nicht singen, oder es klingt einfach nicht nach einem erbaulichen Gesang. Die Freude ist auch im Geschäftsleben ein Erfolgsfaktor. Montagemitarbeiterinnen einer Produktion, über die ich die Verantwortung hatte, sagten mir einmal, dass sie „ihre" Produkte, die Sensoren, die sie montierten, lieben würden. Das hatte mich tief beeindruckt. Ich sah die ungeheure Motivation, die dahintersteckte, eine Motivation, jeden Tag „ihre" Lieblingsprodukte noch schneller und mit noch besserer Qualität zu machen. Es beeindruckte mich auch deshalb, weil ich teilweise wusste, in welch schwierigem familiären Umfeld einige dieser Monteurinnen standen. Und natürlich wusste ich, zu welchem Gehalt diese Mitarbeiterinnen tätig waren. Daher war es meine Pflicht, dafür zu sorgen, dass diese Freude nie geschmälert wurde.

Als Chordirigent wird das **Resultat der „Führungstätigkeit"** sehr unmittelbar sichtbar und auch spürbar. Aber was macht man, wenn der Funke nicht rüber springt? Wenn ich dies spürte, und es mir nicht gelang, dies während der Probe zu ändern, dann machte ich einfach eine „Kurz-Probe". Dies wende ich auch im Geschäftsleben an. Wenn bei einem Meeting der Funke nicht rüber springt, dann ist es besser, nur ein „Kurz-Meeting" zu machen, ein „abgekürztes Verfahren". Mit der Zeit konnte ich als Chordirigent herausfinden, wieso es nicht klappte. Meistens war es, weil man selbst nicht gut drauf war, und dies übertrug sich auf die Sängerinnen und Sänger. Die Lösung ist sowohl im Chor wie im Geschäftsleben relativ einfach. Es ist die mentale Vorbereitung. Bei der merke ich schnell, ob der Funke „rüber springen" wird, oder nicht. Wenn ich nicht in Stimmung bin, dann brauche ich eine entsprechende Vorbereitung, um dies zu ändern. Dann muss ich mich intensiver mit dem Thema und den Unterstellten auseinandersetzen. Es ist entscheidend, dass ich mich als Führungskraft nicht mit einer schlechten Stimmung vor „meine Leute“ hinstelle. Sonst kommt keine Freude auf, weder bei mir noch bei den anderen.

Einfluss von Führung und Management auf das Resultat

In den folgenden Kapiteln versuche ich zu analysieren und aufzuzeigen, wie das Resultat meiner Mandatseinsätze im Bereich Maschinen- und Anlagenbau durch Führung und Management beeinflusst wurde, resp. welchen Stellenwert Führung und Management hatten.

Kulturwandel und Implementierung des Lean-Gedankens

Ausrichtung der Produktion auf die Strategie und den Markt

Ausgangslage: Ein kleines Tochterunternehmen, ein typisch schweizerisches KMU (kleine und mittlere Unternehmen) eines Großkonzerns, hatte in der Produktion und dessen Umfeld immer noch sehr „traditionelle“ Strukturen. Nicht zuletzt war dies getrieben durch ein absolut erstrangiges Sicherheitsdenken im Umgang mit Explosivstoffen. Moderne Produktionsphilosophien wie Lean Production waren praktisch unbekannt, und die Kultur war immer noch stark geprägt durch die frühere Zeit der Militärbetriebe. Die Prozessketten der Produktion waren nicht klar erkennbar, und auch nicht die Zuordnung der Prozesse zu den Räumlichkeiten. Die vielen Handarbeitsplätze waren meist unorganisiert, in vielen Räumlichkeiten herrschte eine generelle Unordnung und es gab ein großes Potential an nicht wertschöpfenden Tätigkeiten. Es gab viele nicht beherrschte Prozesse, nicht ausgereifte oder nicht richtig produzierbare Produkte, und daher viel Nacharbeit und Ausschuss. Wegen vielen Fehlmaterialien sowie einer nicht optimalen Planung mussten angefangene Aufträge immer wieder unterbrochen werden. Die „offiziell" bereits auf die zukünftige Strategie ausgerichtete Organisation entsprach nicht der aktuellen Situation der Aufträge und konnte deshalb auch nicht gelebt werden.

Es gab viele gegenseitige Schuldzuweisungen zwischen Einkauf, Planung, Produktion, R&D und Verkauf. Zudem war die Distanz von zehn Kilometern zwischen der Produktion und der Zentrale einer guten Kommunikation nicht förderlich. Die Wertschöpfung wurde zu 90 Prozent in einer von drei Sparten erbracht, die gemäß Strategie in den nächsten Jahren stark rückläufig sein würde. In den beiden übrigen, zukunftsträchtigen Sparten, wurden fast ausschliesslich Versuchsaufträge ausgeführt. Das Portfolio in diesen Sparten war nur zu einem kleinen Teil entwickelt. Wegen all der beschriebenen Unzulänglichkeiten war eine gewisse Frustration zu spüren. Sehr positiv war jedoch die Faszination der Produktions-Mitarbeitenden für die nicht alltäglichen Prozesse im Umgang mit Explosivstoffen. Darauf konnte ein Neuanfang aufgebaut werden.

Es galt, mit verschiedenen Implementationsprojekten, die neu erarbeitete Firmenstrategie umzusetzen. Eines der Projekte, „Produktion 2017", wurde mir im Rahmen des Interim Managements als Chief Operating Officer (COO) übertragen. Das Projekt war ein voller Erfolg, und hatte auch signifikante positive Auswirkungen auf die Firmenentwicklung. Innerhalb etwas mehr als einem Jahr konnten wir die Arbeitszeiten beim etablierten Geschäftsfeld um 30 Prozent und die Durchlaufzeiten um 50 Prozent reduzieren. Wir konnten technische und betriebswirtschaftliche Standards zur Industrialisierung etablieren, die Produktion stabilisieren und die neue Organisation umsetzen. Dabei wurden keinerlei Kompromisse bezüglich der Sicherheitsstandards eingegangen. Im Gegenteil, teilweise wurden diese sogar erhöht. Ein neues Produktionssystem, das exakt auf die Firmenstrategie und den Markt ausgerichtet war, konnte entwickelt und vollständig dokumentiert werden. Generell durften wir feststellen, **dass mehr möglich war, als die meisten dachten**.

Welchen Einfluss hatte Führung und Management auf das Resultat? Als erstes möchte ich die Art der **Kommunikation** erwähnen, dass man nicht nur das *was* und das *wie* erklärt, sondern insbesondere das *warum*. Sie mögen vielleicht denken, dass dies doch selbstverständlich sei. Ich musste aber in meiner Führungstätigkeit immer wieder feststellen, dass dem oft nicht so ist. Das Aufzeigen des *warum* sollte einen „Führungsprozess" darstellen – und dieser „Prozess" muss auf allen Führungsstufen etabliert werden. Noch besser als Worte eignen sich dabei konkrete Effekte. Wir etablierten „Pilot-Anwendungen" zum Beispiel von Fertigungszellen, dem „Herzstück" des Produktionssystems.

Diese „Leuchttürme" wurden anschließend der gesamten Belegschaft präsentiert, um am konkreten Beispiel das *warum* aufzuzeigen. Dabei ergab sich noch ein Zusatznutzen. Viele Mitarbeitende, die die Pilot-Anwendung präsentieren durften, waren stolz darauf und fungierten danach persönlich als „Leuchtturm-Mitarbeitende". Dank und Anerkennung, eine der vornehmsten Führungsaufgaben, war und ist dabei eine entscheidende Triebfeder. Bei „Leuchtturm-Anwendungen" sind Fehl- und Rückschläge durchaus an der Tagesordnung, dies war auch bei diesem Mandat nicht anders. Entscheidend dabei ist, dass solche „Ereignisse" nicht unter den Tisch gekehrt werden. Ohne offene Kommunikation ist ein Vertrauensverlust vorprogrammiert, und ohne Vertrauen können keine grundlegenden Verhaltensänderungen und Erfolge erzielt werden. Dann nützt die beste Kommunikation des *warum* nichts mehr.

Was ist wichtiger, die **Theorie** oder die **Praxis**? Wer diese Frage ernsthaft stellt, hat bereits verloren. Es braucht ganz einfach eine Verschmelzung der beiden Sichtweisen. Als Manager und Führungskraft ist es wichtig, weder für die Theorie noch für die Praxis „Partei" zu ergreifen. In meinen ersten 20 Berufsjahren in einem Großkonzern musste ich mehrmals folgende Erfahrung machen. Da waren meist junge, hochbegabte Beraterinnen und Berater am Werk, die für ein bestimmtes Problem ein theoretisches Modell entwickelten. Dieses ließen sie anschließend durch die Mitarbeiterinnen und Mitarbeiter der Produktion in die Praxis umsetzen. Dabei passten diese das Modell im Betrieb etwas an, weil sie dachten, dass es praxistauglicher sei. Die Beraterinnen und Berater erkannten diese durchgeführten Veränderungen in der Praxis jedoch nicht, obgleich dadurch die Grundidee des Modells in Frage gestellt wurde.

Jede Führungskraft, die sich in beiden „Welten", also der Theorie und der Praxis, gut zu Hause fühlt und die Verknüpfung machen kann, ist ganz klar im Vorteil. Wer seine Fähigkeiten eher auf der einen oder anderen Seite hat, tut gut daran, sich beim Gegenpol Hilfe zu holen, um sich nicht in die Nesseln zu setzen. Ansonsten droht ein Vertrauensverlust. Nicht etwa beim Holen von Hilfe, sondern wenn jemand etwas nicht kann, aber das Gefühlt hat, er brauche trotzdem keine Hilfe. Das wird meist sehr rasch von den entsprechenden Mitarbeitenden erkannt und führt unweigerlich zu einem Vertrauensverlust.

Entscheidungen treffen ist eine wichtige Aufgabe einer Führungskraft. In meiner Führungslaufbahn hatte ich natürlich auch viele unterschiedliche Chefs. Die einen waren die

„Schnellentscheider". Wenn diese Chefs dann auch noch Schnelldenker waren, dann hatte ich für diese Menschen oft eine gewisse Bewunderung, insbesondere, weil ich persönlich nicht unbedingt ein Schnelldenker bin. Ich brauche oft eine gewisse Zeit, um die Gedanken zu sortieren. Mindestens einmal über eine Situation zu schlafen, nehme ich immer wieder in Anspruch. Ich bin eher der „Tiefdenker" als der „Schnelldenker". Oft musste ich allerdings feststellen, dass diese Führungskräfte eher „Zu-Schnellentscheider" waren.

Eine andere Gruppe von persönlichen Chefs waren die **„Nie-Entscheider".** Ich erlebte Situationen, in denen eine Entscheidung so lange hinausgezögert wurde, bis diese unterschwellig von den Mitarbeitenden selbst getroffen wurde, und daraus eine neue Situation entstanden war, die aus praktischen Gründen nicht mehr umgestoßen werden konnte. Beide Entscheidungs-Typen sind nicht ideal, sowohl die „Zu-Schnellentscheider" als auch die „Nie-Entscheider" (und selbstverständlich sind auch die Entscheiderinnen eingeschlossen).

Sie werden zu Recht denken, dass es zum Fällen von Entscheidungen auch Tools gibt. Das meist verwendete ist sicher die **Nutzwertanalyse,** und ich wende diese Methode selbst oft an. Aber jede Analyse ist von subjektiven Faktoren geprägt. Auch wenn die „Noten", also die Bewertungen der einzelnen Kriterien, eindeutige Werte (zum Beispiel Messresultate) enthalten, sind spätestens bei der Gewichtung der einzelnen Kriterien subjektive Faktoren im Spiel. Wie können diese subjektiven Bewertungen, sowohl bei den Noten wie auch bei der Gewichtung, objektiver gestaltet werden, um auch bei Entscheidungen von großer Tragweite auf der sicheren Seite zu sein?

Bei diesem Mandat hatte ich bei mehreren „heiklen" Entscheidungen eine Methode entwickelt und angewandt, die zu einer höheren Sicherheit und insbesondere einer guten Akzeptanz der Mitarbeitenden führte. Es waren Entscheidungen, bei denen sehr unterschiedliche Positionen vorherrschten und naturgemäss von den verschiedenen Akteuren auch unterschiedliche Bewertungen vorgenommen wurden. Bei einer dieser Entscheidungen ging es um die Zuordnung des Prozesses „Schrumpfen“, wobei eine fertig gepresste und bearbeitete Ladung in einen Hohlkörper geschrumpft wurde. Es galt darüber zu entscheiden, ob dieser Prozess das Ende der Vorfertigung oder der Beginn der Endmontage sein sollte. Für beide Varianten gab es gute Gründe sowohl dafür als auch dagegen, und insbesondere hätte der Entscheid aus Kostengründen praktisch nicht mehr umgestoßen werden können. Die sicherheitstechnischen Maßnahmen bei der Verarbeitung von Explosivstoffen sind sehr aufwändig und kostenintensiv.

Wir definierten und beschrieben die beiden Alternativen im Detail und visualisierten diese an einem prominenten Ort. Bei jeder sich bietenden Gelegenheit überprüften wir die Bewertungen anhand von konkreten und aktuellen Situationen der bestehenden Fertigung. Dabei durften alle im Prozess involvierten Mitarbeitenden ihre Beobachtungen und Einschätzungen laufend auf dem Visualisierungs-Board notieren, und periodisch machten wir eine gemeinsame Standortbestimmung. Für diesen Prozess nahmen wir uns einige wenige Wochen Zeit. Diese Zeit zahlte sich aus. Am Schluss hatten wir nicht nur eine gute und transparente Entscheidung, sondern auch Mitarbeitende, welche Vertrauen in die Entscheidungsfindung hatten, voll hinter der Lösung standen, und diese bei der Umsetzung bedingungslos mittrugen.

Die „Leuchtturm-Projekte“ hatte ich bereits erwähnt. Ich möchte nunmehr von den **„Leuchtturm-Mitarbeitenden“** sprechen. Bei jeder Veränderung gibt es die Kritiker, die Mitläufer und die „Veränderer“. Die Mitarbeitenden der letzten Kategorie muss man unbedingt identifizieren, das große Potenzial nutzen und diese als „Leuchtturm-Mitarbeitende“ einsetzen. Dabei spielt die hierarchische Position nur eine untergeordnete Rolle. Natürlich darf man den direkten Vorgesetzten eines solchen Mitarbeitenden nicht übergehen oder ausspielen. Hier helfen wiederum eine offene Kommunikation und Vertrauen. Allenfalls kann man den Vorgesetzten sogar dafür loben, dass er einen so guten Mitarbeitenden in seinen Reihen hat.

Typisches IT-Projekt mit Zielkonflikten und „Sprachbarrieren“

Ausgangslage: In einem Großkonzern gab es zur Unterstützung der höher qualifizierten Feldingenieure zwei Diagnose-Tools für die jeweiligen Produkt-Plattformen (Familien). Für eine dritte Plattform, die vor der Markteinführung stand, musste eine neue Diagnose-Software entwickelt werden. Mit einem generischen Ansatz sollte diese so aufgebaut werden, dass später die zwei bestehenden Familien integriert werden konnten. Die Anwender der Tools für die bestehenden Plattformen waren mit diesen generell sehr zufrieden. Ein großer Nachteil war jedoch, dass bei einer Änderung eines Produktes jeweils auch das Diagnosetool angepasst werden musste. Daraus entstand die Projektidee, ein neues Diagnosetool zu entwickeln auf der Grundlage eines „generischen Ansatzes“, das heißt, *ein* Software-Instrument für alle drei Produkt-Plattformen, basierend auf einer gemeinsamen Sprache der Schnittstellen und unabhängig von Änderungen des Produktes.

Dieser generische Ansatz war scheinbar, zumindest für die Entwicklungs-Ingenieure, nicht mehr vereinbar mit einer

Funktionalität, die von den Feldingenieuren bisher bei den meisten Einsätzen verwendet wurde, und die diese als unverzichtbar taxierten. Zudem hatten die Entwicklungsteams der drei Plattformen unterschiedliche Ansichten bezüglich der Konzepte für Diagnose und Unterhalt im Feld. Diese Konzepte bestanden indes, außer bei einer Plattform, lediglich in den Köpfen der Teams. Das einzige dokumentierte Konzept einer Plattform war veraltet und das Dokument gar nicht mehr gültig.

Mit einem klassischen **Problemlösung-Prozess** versuchte ich, den Zielkonflikt aufzulösen. Die Feldingenieure und deren Chefs, die tagtäglich mit der Diagnose-Software arbeiteten, konnten mir glaubhaft darlegen und quasi „beweisen“, dass die eine Funktionalität unverzichtbar sei. Als sie hörten, dass diese Funktion in zukünftigen Diagnose-Tools nicht mehr vorhanden sein sollte, waren sie äußerst beunruhigt und völlig ablehnend gegenüber dem neuen generischen Ansatz. Die Entwicklungs-Ingenieure andererseits versuchten die Bedenken der Anwender herunterzuspielen. Eine praktikable Lösung konnten sie jedoch nicht vorlegen. Ich entschied mich trotzdem dazu, bei den Entwicklungs-Ingenieuren eine Lösung zu suchen. Als „Nicht-Softwarespezialist“ hatte ich hierbei natürlich einen schweren Stand. Ich stellte immer wieder die Frage nach dem „Warum es nicht geht“, um dem „Problem“ wirklich bis auf den Grund zu gehen. Ich fragte den Ingenieuren sozusagen „ein Loch in den Bauch“. Dabei musste ich auch einige nicht sehr schmeichelhafte Bemerkungen zu meinem Verhalten über mich ergehen lassen. Einer der Entwickler sagte einmal zu mir: „Begreifst Du denn nicht, es ist wie ein physikalisches Gesetz. Wenn Du mir befiehlst, ich solle auf den Mond hinaufspringen, dann ist dies ja auch nicht möglich“. Meine Fragerei war deshalb auch eine Gratwanderung. Ich durfte nicht das Vertrauen der Entwicklungs-Ingenieure aufs Spiel setzen. Die „Macht-Achse“ konnte ich auch nicht anrufen. Der fachliche Vorgesetzte der Entwickler stand eher auf ihrer Seite als auf der Seite der Anwender. Schlussendlich hatte sich meine Beharrlichkeit trotzdem gelohnt. Die Entwicklungs-Ingenieure fanden dank meinen Fragen selbst eine Lösung. Aber es war wirklich eine Gratwanderung zwischen Vertrauensverlust und Beharrlichkeit.

Ich musste auch verschiedene **„Sprachbarrieren“** überwinden. Hierbei ging es nicht um Sprachen wie Deutsch oder Englisch, sondern um die „Sprache“ der Anwender und der Entwickler. Dabei ging es auch um Kundenorientierung, die ich bei den Entwicklern vermisste. Als erstes machte ich ihnen klar, dass ihre Kunden nicht die Endkunden der Lift-Installationen waren. Diese kannten sie gar nicht. Ihre Kunden waren die internen Service-Ingenieure, die Anwender der Diagnose-Tools. Dann brachte ich die Entwickler zu den Service-Ingenieuren. Diese zeigten den Entwicklern vor Ort ihre Probleme und ihre Arbeitsweise. Daraus entstanden ein Dialog und eine gegenseitige Unterstützung. Sprachbarrieren gab es weiterhin bei der Beschreibung der Anforderungen, also dem „Requirement-Engineering“. Viele Stakeholder verstanden die Formulierungen der Software-Entwickler nicht. Ich wählte hier einen „GAP-Ansatz“, das heißt, ich nahm als Grundlage die Beschreibung der einzelnen Funktionen der bestehenden Tools und formulierte nur die Differenz der neuen Funktionen. Dadurch verstanden die Stakeholder die neuen Funktionalitäten, ich konnte ihr Vertrauen gewinnen und sie „ins Boot“ holen. „Sprachbarrieren“ gab es zudem zwischen den Entwicklungs-Teams der drei Lift-Steuerungs-Plattformen. Obwohl im gleichen Gebäude untergebracht, sprachen die drei Teams kaum miteinander; einem gemeinsamen Meeting standen sie anfangs ablehnend gegenüber. Zunächst musste ich ein gewisses Vertrauen aufbauen, um sie von diesem Vorhaben zu überzeugen. Nach einem ersten

Meeting waren alle Teams vom Austausch sehr angetan. Das Eis war gebrochen und einer gemeinsamen „Sprachfindung“ stand nichts mehr im Weg.

Anlagenbau: Projekt-Abbruch des Kunden verhindern

Ausgangslage: Ein mittelständisches Unternehmen, tätig im Anlagenbau, übertrug mir die Projektleitung eines komplexen Kundenprojektes. Dabei ging es um die Entwicklung von vier Montagelinien zur Herstellung eines innovativen Produktes in der Medizin-Diagnostik mit über 90 Prozessschritten. Das Projekt war ins Stocken geraten, und der Kunde hatte dermassen das Vertrauen verloren, dass er sich ernsthaft überlegte, aus dem Geschäft auszusteigen und den Auftrag anderweitig zu vergeben.

Schon nach wenigen Wochen hatte ich **das Vertrauen des Kunden zurückgewonnen**. Welches waren die Faktoren, die den Kunden dazu bewegten, das Projekt weiterzuführen? Einerseits konnte ich dem Kunden aufzeigen, wie wir das Projekt nach allen Regeln der Kunst des Projekt-Managements neu aufsetzen. Auch bei diesem Projekt war mindestens 50 Prozent nichts anderes als Führung und Management. Ich richtete einen „War-Room“ ein, plante entlang der kritischen Termine und ließ, wo immer möglich, Aktivitäten parallel statt seriell laufen, aktivierte alle möglichen und „unmöglichen“ Ressourcen, begleitete und überwachte alle Aktivitäten sehr eng und fungierte überall als „Wadenbeisser“.

Das allein war jedoch nicht der ausschlaggebende Faktor. Entscheidend war das **„Positive Denken“**, das ich als Projektleiter überall implementierte. Von vielen Beteiligten hörte ich immer wieder: „Was Du da vorschlägst, ist nicht möglich, die Termine sind viel zu kurz". Meine Antwort war immer die gleiche: „Wenn wir es nicht wenigstens versuchen, wissen wir nie, ob es nicht trotzdem möglich gewesen wäre". Von diesem Satz waren auch die wichtigsten Entscheidungsträger des Kunden beeindruckt. Die Kombination der harten Faktoren (hohe Kunst des Projekt-Managements) und der weichen Faktoren (positives Denken) führten dazu, dass der Kunde das Projekt weiterführte. Auch wenn wir nicht alle Terminziele erreichten und Rückschläge einstecken mussten, so behielt der Kunde das Vertrauen in das Team und die Firma. Er sah immer wieder unser volles und ehrliches Bemühen und wurde selbst vom positiven Geist des Projektes und vom positiven Denken angesteckt.

Ich möchte noch einen Faktor dieses Projektes beleuchten, der nur indirekt mit Führung und Management zu tun hat. Einer der Haupttreiber von Terminverschiebungen war **die Qualität von Entwicklungen und Konstruktionen.** Beim Apparatebau für Serienfertigung sind mehrere Konstruktions-Releases ganz normal und für die Produktoptimierung auch wichtig. Beim Anlagenbau jedoch sollte alles auf Anhieb richtig funktionieren. Viele Entwickler in diesem Projekt zuckten bei Fehlkonstruktionen jedoch nur mit den Achseln und sagten: „Shit happens". Hier versuchte ich gegenzusteuern mit einer Kultur von „First Time Right" und KVP (Kontinuierlicher Verbesserungsprozess), und dies eben auch im Anlagenbau. Bei den komplizierten Montageprozessen kam es immer wieder zu Kollisionen von beweglichen Elementen (zum Beispiel Greifern), oder es war wegen Platzmangel schlicht unmöglich, Teile zu montieren. Genau für diese beiden Situationen gab es im verwendeten CAD-System (Computer-Aided Desing) Simulations-Funktionen. Aber diese Tools wurden von vielen Entwicklern nicht verwendet, was ich im Projekt durch einfaches Nachfragen korrigierte.

Es gab in der Firma auch einen Review-Prozess sowie **Checklisten** zur Überprüfung der Konstruktionen. Diese Instrumente nützen jedoch nur etwas, wenn man sie auch konsequent anwendet. Hier kann Führung und Management zu einer Verbesserung der Situation beitragen. Insbesondere die Verwendung von Checklisten ist ein sehr starkes Instrument, und ich bin ein „Fan" davon. Ich vergleiche dies oft mit der Aviatik. In einem Flugzeug-Cockpit ist die Anwendung einer Checkliste zwischen Piloten und Copiloten ein Standard-Procedere. Auch wenn die beiden nach vielen Jahren Berufserfahrung die Prozesse auswendig kennen, arbeiten sie Punkt für Punkt die Checkliste ab und quittieren jeweils die Ausführung dem Gegenüber. Wo Menschen arbeiten, passieren Fehler. Mit der Anwendung von Checklisten können die Fehler jedoch auf ein Minimum reduziert werden.

Orientierungslose Organisation ohne fachliche Führung

Ausgangslage: Eine selbstständig operierende kleine Einheit (mit ca. 80 Mitarbeitenden) eines größeren mittelständischen Unternehmens hatte sich in eine sehr schwierige Situation manövriert. Ich traf viele frustrierte und demotivierte Chefs und Mitarbeitende an, die konzept- und orientierungslos waren; jeder hatte seine eigene Meinung bezüglich der Gründe für diese Situation. Insbesondere der Verkauf war demotiviert, weil die Termintreue der Kundenlieferung bei lediglich ca. 20 Prozent lag. Ich musste feststellen, dass das Know-how in Bezug auf Einkauf, Disposition und Planung ungenügend war. Einige Know-how-Träger hatten die Firma verlassen oder standen kurz davor. Die Chefs besassen das Know-how nicht, weil sie sich um diese zentralen Bereiche nie gekümmert hatten. Die Prozessgestaltung und die Bedienung des eben neu eingeführten ERP-Systems (Enterprise Resource Planning) überließen sie weitgehend den Know-how-Trägern, die über kurz oder lang nicht mehr zur Verfügung stehen würden.

Es blieb mir nichts anderes übrig, als die vollständige **fachliche Führung** zu übernehmen. Dazu musste ich mich im Detail mit allen logistischen Prozessen auseinandersetzen und die spezifischen Gegebenheiten der für mich neuen Technologie berücksichtigen. Des Weiteren musste ich mir das Know-how des für mich neuen ERP-Systems (Navision) aneignen, einem „Real-Time-System" ohne MRP (Material Requirements Planning). Dazu forderte ich entsprechende Schulungs-Unterstützung von der Zentrale der Firmengruppe an. Die ERP-Spezialisten leisteten diese Unterstützung sehr gerne, weil endlich, wie sie sagten, sich jemand für die Abbildung der Prozesse im ERP interessierte. Eine schier unlösbare Aufgabe stand vor mir. Neben dem Erkennen „des Problems", der Aneignung des Know-hows bezüglich der Technologien, der Berücksichtigung der spezifischen Gegebenheiten der Draht-Lieferanten, dem Design der Auftragsabwicklung, sowie dem Lernen der Funktionsweise des ERP-Systems musste die Produktion mit Aufträgen gefüttert werden, um so gut wie möglich den laut schreienden Verkauf und die wartenden Kunden zu befriedigen. Nach dem ersten „Schock", als ich das ganze Ausmaß der Situation erkannte und ein paar schlaflose Nächste erlebte (auch mit Gedanken an eine „Kapitulation"), tat ich, was ich aus Krisensituationen gelernt hatte und insbesondere aus der militärischen Stabsarbeit kannte.

Mit voller Unterstützung der Firmenleitung richtete ich eine **„Task Force"** ein und führte diese mit einem dirigistischen, eher militärischen Stil. Beteiligt waren *alle* „administrativ" tätigen Beschäftigten sowie alle Führungskräfte der handwerklich arbeitenden Bereiche. Mir war wichtig, und es war entscheidend, dass ich bezüglich dieses temporären Führungsstils alle ins Boot holte. Ich verglich die Situation mit einem Einsatz der Feuerwehr und einem brennenden Haus. In einem War Room konnte ich die Situation visualisieren, und daher verstanden alle den Ernst der Lage und akzeptierten den sehr direkten Führungsstil.

Schon nach ein paar Wochen konnten wir die Situation stabilisieren, erste **Erfolge** verbuchen und das Vertrauen des Verkaufes zurückgewinnen. Die Termintreue wurde stetig gesteigert und betrug nach sieben Monaten satte 95 Prozent. Der Aufwand des operativen Verkaufes wurde in diesem Zeitraum auf ein Drittel gesenkt, und wir konnten die Voraussetzungen schaffen, um die Umschlagziffer zu verdoppeln. Welchen Einfluss hatten Führung und Management auf dieses Resultat? Ein entscheidender Faktor war die fachliche Führung. Strukturieren, klassieren und visualisieren sind dabei entscheidende Instrumente. Auf Flip-Charts zeichnete ich die Prozesse auf, erklärte die Zusammenhänge und insbesondere das „warum". Dadurch konnte ich das „Fachchinesisch" (zum Beispiel aus der Theorie von Disposition / Einkauf) in eine für alle verständliche Form „übersetzen" und die Theorie mit der Praxis verschmelzen.

Dabei entwickelten wir unsere gemeinsame „Sprache" und etablierten die entsprechenden (Fach)-Begriffe. Das Messen und Visualisieren (zum Beispiel die Termintreue) waren entscheidende Instrumente, um stets das Ziel vor Augen zu halten. Eine ABC-Klassierung half uns bei der Konzentration auf weniges (am Anfang waren die A-Produkte im Fokus). Ich machte jedem und jeder klar, welchen Beitrag er oder sie im Gesamtrahmen zu leisten hatte, und welchen Einfluss sein oder ihr Versagen haben werde. Am Schluss des Mandates nach acht Monaten war ich so etwas wie die „Graue Eminenz“. Mir war es gelungen, auf allen Ebenen und in allen Bereichen das Vertrauen zu gewinnen und wieder ein positives Denken zu etablieren. Natürlich dokumentierte ich den gesamten operativen Prozess und übergab das erarbeitete Know-how an die entsprechenden Stellen.

Graben-Kämpfe zwischen Business-Unit und Operation

Die **Ausgangslage:** Ein Großunternehmen hatte eine funktionale Organisation. Das Werk, über das mir interimistisch die Leitung übertragen wurde, produzierte ausschließlich für eine bestimmte Business-Unit. Da die beiden Organisations-Einheiten erst auf der Stufe der Konzernleitung verbunden waren, entstand ein kultureller Graben. Bei meiner Problemerfassung musste ich sogar feststellen, dass einige KPIs (Key Performance Indicators) nicht aufeinander abgestimmt waren. So wurde die Termintreue des produzierenden Werkes auf 93 Prozent festgesetzt, obgleich der Markt (basierend auf den Feedbacks einiger Großkunden) eigentlich 99 Prozent erwartete. Dies hatte zur Folge, dass im ERP-System praktisch keine Termine der Realität entsprachen. Die Business-Unit war der Ansicht, dass mit den kürzeren Terminen ein höherer „Druck“ auf das Werk ausgeübt werden könne.

Damit war es dem Werk jedoch nicht möglich, mit dem ERP die Produktion zu steuern. Die realen Termine mussten täglich „manuell“ nachgefragt werden, was zu einem hohen Zusatzaufwand und einer Ineffizienz führte. Die Führungskräfte der produzierenden Einheit waren zu einem hohen Anteil damit beschäftigt, die Produktion zu steuern, und hatten dadurch zu wenig Zeit für die eigentliche Führungsarbeit. Insbesondere konnten sie sich zu wenig darum kümmern, dass die direkt produzierenden Mitarbeitenden eine optimale Effizienz erbringen konnten. Dies drückte sich auch in einer ungenügenden Produktivität aus.

In dieser beschriebenen Kette von Kausalitäten galt es, möglichst das ursächliche Problem anzugehen. Da eine Organisationsänderung kaum kurzfristig erwirkt werden konnte, widmete ich mich in erster Linie der **Beendigung der „Grabenkämpfe“.** Mit meinen gewohnten Methoden arbeitete ich am Aufbau des Vertrauens zur Business-Unit. Nebst Zuhören war das Eingestehen von Unzulänglichkeiten der eigenen Organisation ein wichtiger Faktor. Die Partner in der Business-Unit waren überrascht und erstaunt, dass das produzierende Werk seine eigenen Fehler offenlegte. Bisher war dies sozusagen „von Amtes wegen“ verboten. Es war jedoch der Schlüssel zum Aufbau des gegenseitigen Vertrauens. Allerdings musste ich dadurch von meiner eigenen Chefin große Kritik einstecken und fast wäre mein Unterfangen gescheitert. Für sie waren die Exponenten der Business-Unit im Grunde ein Feindbild. Ich hatte also an einer zweiten Front zu kämpfen. Aber letztendlich war mein Vorgehen von Erfolg gekrönt, weil auch die „Gegenseite“ ihre Fehler und Probleme eingestand. Damit war die Basis für eine gute Zusammenarbeit und eine konstruktive Lösungsfindung gelegt. Einmal mehr war der entscheidende Schlüssel dazu die Erarbeitung von Vertrauen. Zusammen erarbeiteten und starteten wir ein Projekt zur Überarbeitung der gesamten Auftragsabwicklung (SCM, Supply Chain Management)).

Einer der **wichtigsten KPI war der DLE (Direct Labor Efficiency).** Welche Faktoren von Führung und Management führten zur erfolgreichen Verbesserung? Zusammen mit den einzelnen Abteilungsleitern analysierten wir systematisch die Einflussfaktoren und erarbeiteten daraus konkrete Massnahmen. An den wöchentlichen 1:1-Meetings (Jours Fixes) machten wir ein Monitoring der Situation. Dieses Vorgehen erforderte indes von den Abteilungsleitern einen erheblichen Aufwand. Ich konnte ihnen darlegen, dass dies eine der wichtigsten und auch nobelsten Führungsaufgaben war, ihre Mitarbeitenden zu einer Verbesserung der persönlichen Effizienz zu animieren und zu „führen“. Im Gegenzug entlastete ich die Abteilungsleiter mehr und mehr von den im Grunde genommen unnützen Tätigkeiten der „Terminverfolgung“ der einzelnen Aufträge. Grundlage dazu war die klare Zielsetzung: „ERP gleich Realität“. Dazu brauchte ich alle Beteiligten im gesamten Auftragsabwicklungs-Prozess, insbesondere die Business-Unit.

Wie beschrieben, entsprachen **die Auftragstermine im ERP nicht der Realität**, sondern dem Wunschtermin. Ich musste beiden Organisationen, dem produzierenden Werk und der Business-Unit, klar machen, dass dies eine unhaltbare Situation war. Wir definierten zusammen „Rules of the Game“, um die Situation zu korrigieren. Es gab aber immer wieder einzelne Mitarbeitende, die ins alte Muster zurückfielen. Eine einfache, aber immer wieder effiziente Führungsregel half mir bei dieser Veränderungs-Initiative. Es ist die **„KKK-Regel“**, „Kommandieren – Kontrollieren – Korrigieren“. In der militärischen Führungsausbildung ist dies eine Regel, die man in den ersten Ausbildungstagen lernt. Sie ist vor allem dann angebracht, wenn Prozesse noch nicht in Fleisch und Blut übergegangen sind. Im vorliegenden Fall war es wichtig, die Zielsetzung „ERP gleich Realität“ so rasch wie möglich zu erreichen.

Die Chefs haben keine Zeit zum Führen

weil sie das Tagesgeschäft „führen“ müssen

Ausgangslage: Ein typisches Unternehmen der KMU-Klasse (kleine und mittlere Unternehmen) hatte kurz vor meinem Mandatsantritt ein neues ERP-System eingeführt und damit auch die logistischen Prozesse umgestaltet. Seither konnte kein Auftrag mehr zum vereinbarten Termin ausgeliefert werden. Die Folge davon waren äußerst verärgerte Kunden (einige wenige Großkunden), ein verunsichertes Mutterhaus sowie überlastete und vor allem demotivierte Mitarbeitende. Ich erkannte rasch „das Problem“, also den wahren Grund dieser Situation. Es lag in einer zu großen logistischen Komplexität mit zu vielen Fertigungsstufen. Bei der Einführung des neuen ERP hatte man sich durch „Losgrößen-Optimierung“ statt durch „Rüst-Optimierung“ leiten lassen. Nach meiner Analyse war dies eine fatale Fehlentscheidung der Firmenführung.

In diesem Zusammenhang möchte ich einen Punkt aufgreifen, den ich bei vielen Mandaten antreffe. Die Chefs sind so stark in der **Abwicklung des Tagesgeschäftes** eingebunden, dass sie keine Zeit mehr haben für die eigentliche Führungsaufgabe. Im vorliegenden Fall ging es sogar so weit, dass manchmal der CEO selbst ein Firmenfahrzeug nahm und ein Bestandteil zu einem Unterlieferanten fuhr, weil ein Kunde dieses Teil anforderte. Ich will damit nicht sagen, dass er falsch gehandelt hat. Ich möchte nur aufzeigen, in welch verzweifelter Situation sich die Firma befand. *Es ist essenziell, dass Abläufe und logistische Prozesse immer so gestaltet werden, dass das Tagesgeschäft im Normalfall ohne Chefs abläuft, und zwar bis auf die unterste Führungsstufe.* Eine Ausnahme bilden höchstens die Führungskräfte, die auch noch selbst operative Prozesse ausführen.

Im Baugewerbe heißen diese Personen häufig „Vorarbeiter“. Sie arbeiten „vor“ und zeigen dadurch, wie es geht, und wie schnell es gehen kann. Die operativ tätigen Mitarbeitenden sollten selbst wissen, welches der nächste Auftrag ist, wo das Material zu findet ist, welchen Endtermin der Auftrag hat und welche Spezifikationen zu erfüllen sind. Ich treffe aber bei meinen Mandaten, leider immer noch, Situationen an, in denen Chefs gerne die vorhin genannten Tätigkeiten ausführen und sich manchmal sogar dahinter verstecken. Aber damit haben sie eben keine Zeit, um die wichtigen Führungsaufgaben wahrzunehmen. Diese sind insbesondere KVP, Innovation und Organisation. Es geht darum die „Rules of the Game“ zu definieren und zu perfektionieren. Aber es geht auch um die Förderung und die Motivation und letztendlich um den Aufbau des Vertrauens.

Im vorliegenden Mandat ging es darum, die Fehlentscheidungen von insbesondere zwei Führungskräften zu korrigieren. Ich musste somit **den eigenen Chef ins Boot holen** um eine Situation zu korrigieren, die er selbst mitgestaltet, also „verbockt“ hatte. Zwar konnte ich mit meinen Analysen und insbesondere mit einer Pilot-Anwendung einer Zellenfertigung den Verwaltungsrat überzeugen und sein Vertrauen in die Organisation zurückgewinnen. Damit allein hatte ich jedoch meine Chefs noch lange nicht im Boot. Ich möchte zwei Faktoren beschreiben, mit denen ich dies bewerkstelligte. Einerseits ließ ich immer eine Tür offen, damit sie ihr Gesicht wahren konnten. Ich erwähnte nie, auch nicht in Situationen ohne ihre Gegenwart, diese Fehlentscheidung. Viele Mitarbeitende hatten die beiden vor dieser Entscheidung gewarnt und diese Mitarbeitende sprachen mich natürlich darauf an. Ich versuchte jedoch alles, um die beiden Chefs nicht in einem schlechten Licht erscheinen zu lassen denn ich war auf ihr Vertrauen angewiesen. Andererseits konnte ich einen echten Coup landen. Ich konnte erwirken, dass mir die Projektleitung zur Veränderung der Situation übertragen wurde – und, dass mein Chef im Projekt direkt mitwirkte. Damit war ich sein Vorgesetzter im Projekt und er war mein Vorgesetzter in der Linie. Dadurch konnte ich ihn als meinen Projektmitarbeitenden besser ins Boot holen. Dort war er nicht mehr in einer „Macht-Position“, sondern musste sich, wenn auch manchmal widerwillig, ins Team einfügen.

Täglicher „Kampf“ einer Massenproduktion für genügend Output

Die **Ausgangslage:** Bei einem Massen-Hersteller von Consumer-Produkten durfte ich die Vakanz des Produktionsleiters überbrücken. In einer Phase von großen Volumensteigerungen galt es, neues Personal zu beschaffen und auszubilden, und gleichzeitig die definierte Performance (OEE, Overall Equipment Effectiveness, Gesamtanlageneffektivität) sicherzustellen.

Die dritte Hauptaufgabe bestand darin, **kein Führungs-Vakuum** entstehen zu lassen. Diese Zielsetzung war somit selbst direkt eine Frage von Führung und Management. Hierbei erübrigt es sich, den Einfluss von Führung und Management auf das Resultat zu beleuchten. Ich zeige jedoch auf, mit welchen konkreten Massnahmen ich dieses Ziel verfolgte.

Bereits in der ersten Woche übernahm ich die Initiative im bestehenden Format des **Shop-Floor-Managements**. Es war ein morgendlicher aktiver Austausch zwischen allen Akteuren, die in irgendeiner Form den Produktions-Output beeinflussten (Planung, Qualität, Technologie, Engineering, Unterhalt und Produktion). Ein „Wort zum Tag“ diente als Motivator zur Unterstützung der täglichen Arbeit und als „Einstiegs-Booster“ in das Meeting. Manchmal waren diese „Worte“ lediglich ein schlichtes, aber ehrliches „Dankeschön“. Manchmal ergriff ich die Gelegenheit, um an einem konkreten „Fall“ die Problematik aufzuzeigen und im Sinne von KVP zu wirken (zum Beispiel ein Qualitätsfall oder Kundenorientierung). Manchmal griff ich ein aktuelles Thema auf und beleuchtete dieses im Zusammenhang mit dem eigenen Business (was ist unser Beruf als Führungskraft, nachdem sich die Presse am Vortag gefragt hatte, was eigentlich der „Beruf“ eines „Sturm-Spielers“ im Fußball sei, nachdem die deutsche Nationalmannschaft bei der Euro 2020 verlor und ein Eigentor mit „um Hummels Willen“ kommentierte).

Ein weiteres konkretes und äußerst wichtiges Instrument, um kein Führungs-Vakuum entstehen zu lassen, war die regelmäßige (alle ein bis drei Wochen) Durchführung von „**Jours Fixes**“ mit allen elf direktunterstellten Mitarbeitenden (jeweils Einzelmeetings). Acht davon waren Schichtleiter, welche die Hauptverantwortung der Produktion in allen fünf Schichten, bei einem 7/24-Betrieb, trugen. Bei diesen 1:1-Meetings musste ich ab und zu ziemlich heftige Kritik einstecken und mir anhören, welche schlechte Stimmung gerade herrsche und welche miserable „Situation“ bestehe. Gerade in solchen Situationen durfte ich mit Genugtuung zu mir selbst sagen: „Sehr gut, damit weiß ich, dass ich alles richtig gemacht habe“. Vielleicht werden Sie sich jetzt verwundert fragen, wieso das so positiv war? Damit wusste ich, dass ich das Vertrauen der direktunterstellten Mitarbeitenden gewinnen konnte. Ohne Vertrauen hätten sie sich nie und nimmer getraut, mir so offen und ungeschminkt ihren Frust an den Kopf zu werfen. Sie hätten höchstens die Faust in der Hosentasche geballt und gedacht: „Was ist das für ein unfähiger Kerl, nur gut, dass er als Interim Manager sowieso nach einer gewissen Zeit wieder weg ist“. Aber wieso war dieses gegenseitige Vertrauen so wichtig? Nur so konnte ich ohne Blickfang hinter die Kulissen der Organisation schauen und sehen, was dahinter passierte. Nur so konnte ich erkennen, wo die wirklichen Probleme lagen, und genau dagegen richtige und kluge Maßnahmen treffen und Entscheidungen fällen.

Mehrmals erlebte ich, dass Mitarbeiter der gleichen Organisationseinheit, die mir aber nicht unterstellt waren, mir sagten: „Weisst Du, ich sehe diese Angelegenheit so und so. Sag es aber bitte nicht unserem Betriebs-Direktor, ich will keine Auseinandersetzung mit ihm". Durch sein Verhalten konnte mein Chef kein **Vertrauen mit seinen Mitarbeitenden aufbauen** und dadurch konnte er oft keine guten und richtigen Entscheidungen fällen, weil er schlichtweg die wahren Grundprobleme nicht erkennen konnte. Ihm wurde nur das gesagt, was er hören wollte. Durch diesen „getrübten Blick" konnte er im übertragenen Sinn das rostige Fahrrad auf dem Seegrund nicht erkennen, aber auch nicht den „Schatz", der sich dort befand. Solche Chefs sind im Grunde zu bedauern. Ihnen ist es verwehrt, das volle Potenzial aus der Organisation herauszuholen. Als Interim Manager konnte und durfte ich meinen Chef darauf hinweisen. Ich sagte ihm auch einmal, dass er an einem Meeting „auf den Mann und nicht auf den Ball gespielt habe". Er nahm, zumindest sagte er dies zu mir, meine Hinweise dankend an. Ich hoffe sehr für ihn, dass er daraus resultierend sein Verhalten ändert.

Im **täglichen Kampf für den OEE** und genügend Output traf ich auf einen „kulturellen Kampf" zwischen dem Engineering (die hatten ihre Büros oben im ersten Stock) und der Produktion (die waren unten im Erdgeschoss). Ich beschrieb die Situation etwas überspitzt und sarkastisch folgendermaßen: „Die da oben und die da unten. Die da oben sagen zu denen da unten, sie sollten doch endlich die neuen Anlagen richtig betreiben, das sei doch kein Zustand. Und die da unten antworten, sie würden ja gerne, sie könnten aber nicht, weil die Anlagen nicht richtig funktionieren würden. Da sagen die da oben zu denen da unten, das könne nicht sein, die Anlagen seien qualifiziert und abgenommen, sie sollten jetzt endlich vorwärts machen, man müsse nur genügend Personal an die Linie stellen und dieses auch richtig ausbilden. Und dann sagen diese da unten zu denen da oben, wenn sie es nicht glauben wollten, dann sollten sie doch selbst kommen und die Situation begutachten. Sie hätten jetzt die Nase voll von den ewigen Anschuldigungen. Und so stritten die da oben und die da unten weiter, und wenn sie nicht gestorben sind, dann streiten sie noch heute".

Ich wählte folgenden **Lösungsansatz**. Um diese gegenseitigen Anschuldigungen aufzubrechen, ergriff ich bewusst nicht die Partei der Produktion, also „meiner eigenen Leute". Ich habe ihnen dies auch so gesagt, dass ich zuerst das Vertrauen der Gegenseite, des Engineering, gewinnen müsste. Anschließend konnte ich auf einer weniger emotionalen Ebene gemeinsam nach Lösungen suchen. Und tatsächlich, nach einiger Zeit konnte der Output der neuen Anlagen massiv gesteigert werden. Das Engineering erkannte die Mängel, behob diese und die Produktion unterstützte nach besten Kräften und verbesserte zudem den bemängelten Ausbildungstand. Der Schlüssel des Erfolges lag im Aufbau des Vertrauens zum Engineering. Das geschah nicht einfach von selbst. Ich musste es mit konkreten Maßnahmen erarbeiten, mit vielen Gesprächen, durch Zuhören, Verständnis zeigen für die Probleme der anderen. Insbesondere zeigte ich auch großes Interesse an der speziellen Technologie, an der faszinierenden Arbeit des Engineerings, und ich stellte viele Fragen.

Erfolgsfaktor „Vertrauen“

Der Lean-Gedanke gehört in vielen Bereichen von erfolgreichen Unternehmen zum Standard, insbesondere in der verarbeitenden Industrie im Umfeld von Produktion und Logistik. Neben der Digitalisierung ist dies immer noch einer der wichtigsten Faktoren im Kampf gegen hohe Kosten. Aber auch in der Verwaltung gibt es immer mehr Ansätze, um Verschwendung und Blindleistung zu vermeiden und um Kosten zu reduzieren, eben um „lean“ zu sein.

Wie steht es indes mit der Implementierung des Lean-Gedankens im Management? Jeder Manager sollte sich mit diesem Thema befassen, aber ganz besonders der Interim Manager, weil er in viel kürzerer Zeit Resultate und Erfolge generieren muss. Aus meinen nun über 45 Jahren Führungserfahrung hat sich eine grosse Überzeugung herausgebildet. **Vertrauen ist das wichtigste Lean-Element im Management**. Ohne Vertrauen ist wirksame Führung unmöglich. Ich erinnere mich an eine Situation, in der zwischen mir als Chef und einem Mitarbeiter das gegenseitige Vertrauen praktisch nicht mehr vorhanden war. Für die Vereinbarung von Zielsetzungen musste ich mit viel Aufwand ein Service Level Agreement erstellen. Aber auch dann noch war mein Mitarbeiter wie ein Fisch im Wasser, den man mit den Händen nicht ergreifen konnte.

Im Vergleich dazu hatte ich einen langjährigen Mitarbeiter, mit dem das gegenseitige Vertrauen sehr hoch war. Die einzelnen Zielsetzungen bestanden meistens nur aus einem Satz und am Ende wussten wir beide, ohne große Worte, ob ein bestimmtes Ziel erfüllt, teilweise erfüllt oder gar nicht erfüllt wurde. Dank eines großen gegenseitigen Vertrauens konnten wir die Führungsarbeit sehr „lean“ gestalten. Er wusste ganz genau, was ich von ihm und seinem Team erwartete, und ich konnte mich auf seine Aussagen zu 100 Prozent verlassen. Andererseits wusste er immer, woran er bei mir war – und dass ich meine Versprechungen hielt.

Diese beiden Beispiele zeigen auf, was ich unter dem Lean-Gedanken im Management verstehe. Bereits ab zwei Personen in einem Unternehmen oder einer Organisation braucht es Absprachen, Abstimmungen, Vereinbarungen und Anweisungen – eben Führung und Management, um schlussendlich Resultate zu erzielen. Je mehr Mitarbeitende es braucht, desto größer ist die Komplexität der Führungsarbeit und desto größer ist natürlich auch der Effekt des Lean-Gedankens im Management.

Wie kann Vertrauen „erarbeitet“ werden? Die entscheidende Frage stellt sich, wie man Vertrauen erreicht oder besser gesagt, erarbeitet. Auch wenn es nie möglich sein wird, mit allen Menschen die gleiche Tiefe an Vertrauen zu erreichen (ebenso wie „allen Leuten recht getan, ist eine Kunst, die niemand kann“), so gibt es für mich doch gewisse Grundsätze, um das Vertrauen zu vertiefen:

- Vorbild sein; Vormachen wo immer dies möglich ist;
- Danken, nicht nur als Floskel, sondern aus ehrlichem Herzen;
- Authentisch sein; als Manager „spielt“ man nie eine „Rolle“ wie im Film; walk as you talk; integer sein;
- Zuhören; nicht alles selber besser wissen wollen; von Feedback profitieren – und wenn nötig sogar die Würmer aus der Nase ziehen;

- Zum Erfolg führen; für die Mitarbeitenden da sein; sie für „voll“ und ernst nehmen;
- Klar und offen kommunizieren, stufengerecht und nicht nur das *was* sondern auch das *warum*;
- Eigene Fehler eingestehen können, und wenn man seine Meinung ändert, sagen wieso;
- Helfen; unterstützen; Lösungen zusammen erarbeiten oder noch besser Lösungswege aufzeigen und dazu animieren, die Lösung selbst zu finden, um dem Mitarbeitenden ein eigenes Erfolgserlebnis zu ermöglichen.

Einem neuen Vorgesetzten wird von den Mitarbeitenden meist ein gewisses Basis-Vertrauen entgegengebracht. Die Vertiefung des Vertrauens ist anschließend harte Arbeit und benötigt Zeit. Andererseits kann eine unbedachte, vielleicht voreilige Aussage, das Vertrauen in einem Augenblick zerstören. Es gibt immer wieder Chefs, die wollten mit Humor punkten und erreichen das Gegenteil. So wie der Manager einer Schweizer Firma, der vor versammeltem österreichischem Team die Bedeutung der Schweizer Flagge (als Plus-Zeichen) und der Österreichischen Flagge (als Minus-Zeichen) humoristisch umschreiben wollte. Ein solches Verhalten ist schlichtweg dumm. In diesem einem Augenblick wurde das gegenseitige Vertrauen und somit die Grundlage für einen Geschäftsaufbau zerstört.

Erfolgsfaktor „Führungs-Grundsätze“

Auf den Stellenwert der Führungsgrundsätze habe ich bereits in den vorherigen Kapiteln hingewiesen und dies auch durch die konkreten Beispiele der Mandate untermauert. Ich kann nicht genügend darauf hinweisen, welch großen Einfluss die

Anwendung der Führungs-Grundsätze auf den Erfolg hat. Im Folgenden möchte ich nun meine wichtigsten Erkenntnisse zusammenfassen. Viele Details finden Sie, wie bereits erwähnt, bei Malik.

Die entscheidende Frage ist immer, wie erreiche ich eine hohe Wirksamkeit in der Führung. Denn Wirksamkeit ist eben mehr als Effizienz und Effektivität. Man erreicht dies durch die konsequente Anwendung von Grundsätzen sowohl in der strategischen wie der operativen Führung, in dem man Management als Beruf versteht.

- **Resultatorientierung**: *Es ist oft mehr möglich als man denkt.* Es geht um Output- statt Input-Orientierung. Ergebnisse sind das Einzige, was zählt, und sie stärken die Freude am Erfolg. Messen und Visualisieren sind dabei starke unterstützende Elemente.

- **Beitrag zum Ganzen:** *Ohne Statusdenken dafür sorgen, dass etwas geschieht und sich verändert.* Es geht darum „Ans große Ganze" zu denken und dieses zu unterstützen. Dies ist auch die Voraussetzung für unternehmerisches Handeln und Kundenorientierung.

- **Konzentration auf weniges:** *Dies ist der Schlüssel zum Ergebnis.* Es geht darum, sich auf Weniges aber Wesentliches zu konzentrieren, keine operative Hektik aufkommen zu lassen, auch nicht bei komplexen Vorhaben. Dies zeugt von hoher Disziplin und ist die Basis für das Führen mit Zielen.

- **Stärken nutzen:** *Und damit Schwächen bedeutungslos machen.* Es geht darum, bereits vorhandene Stärken zu nutzen und nicht mit aller Kraft Schwächen zu beseitigen.

Wichtig ist dabei, die Stärken mit den Aufgaben zur Deckung zu bringen.

- **Vertrauen**: *Es ist das Lean-Element im Management.* Und dadurch *der* Motivationsfaktor schlechthin.

- **Positives Denken**: Es geht darum, *Chancen zu nutzen*, und nicht um irgendwelche esoterischen Dinge.

Wie bereits erwähnt, trage ich die Führungsgrundsätze immer im Kopf und im Herzen mit mir herum und reflektiere diese bei allen (Führungs-) Situationen. Und hier noch ein kleines Geheimnis, welches mir half, diese Grundsätze quasi in Fleisch und Blut übergehen zu lassen. Als ich vor über 20 Jahren begann, mich mit den „zivilen“ Führungsgrundsätzen auseinander zu setzen, schrieb ich diese auf einem kleinen Zettel auf und steckte ihn in mein Portemonnaie. Bei Bedarf konsultierte ich dann den Zettel und so gravierten sich die Grundsätze nach und nach in meinen Kopf und mein Herz. Noch heute befindet sich der Original-Zettel in meinem Portemonnaie. Nicht weil ich ihn noch bräuchte, sondern lediglich aus Nostalgie-Gründen. Denn die heutigen kleinen Zettel befinden sich in digitaler Form auf meinem Smartphone. Damals gab es diese kleinen Helfer ja noch nicht.

Erfolgsfaktor „Fachliche Führung“

Während der ersten 20 Jahren meiner beruflichen Karriere war ich in einem Konzern tätig. Als ich mich mit 45 Jahren neu orientierte merkte ich, wie wichtig es ist, sich auch in einer KMU-Welt der kleinen und mittleren Unternehmen bewegen zu können. Bei Vorstellungsgesprächen in KMUs wurden mir häufig entsprechende Fragen gestellt. Ganz unvorbereitet begann ich die erste Stelle in einem KMU allerdings nicht. Ein langjähriger Chef im Konzern sagte uns immer wieder, dass wir uns in unserem Bereich so verhalten sollten, als wenn es eine eigenständige Firma wäre. Trotzdem merkte ich schnell den größten Unterschied zwischen einem Konzern und einem KMU. Im Konzern konnte ich mich bei allen Fachgebieten an einen Spezialisten werden und die fachliche Führung delegieren. Im KMU konnte ich dies meistens nicht. Da musste ich wohl oder übel selbst „in die Hosen steigen“ und mich in die entsprechenden Fachgebiete und Prozesse einarbeiten, um auch die fachliche Führung sicherzustellen.

Ein gewisses Maß an fachlicher Führung ist für mich eine wesentliche Voraussetzung, um das Vertrauen zu erarbeiten. Daher ist es als Interim Manager äußerst wichtig, sich rasch zum Beispiel in neue Technologien einarbeiten zu können. Meistens mache ich dies, indem ich viele Fragen stelle und mir entsprechende Unterlagen zukommen lasse. Die Fragerei hat noch einen anderen positiven Effekt: sie hilft, Vertrauen zu gewinnen. Natürlich braucht es für jedes Fachgebiet eine gewisse Basis. Die Einarbeitung in völlig fremde Gebiete ist daher unrealistisch. Als Ingenieur wäre für mich ein Mandat im Gesundheitswesen, in der Finanzbranche oder im Tourismus daher unrealistisch.

Kultureller Einfluss auf Führung und Management

Zum Schluss ein nicht ganz ernst zu nehmendes Statement. Die germanisch-preussische Art kommt im alemannischen Raum, also dem Süden Deutschlands und der deutschsprachigen Schweiz, nicht immer gut an. Möglicherweise ist es bei uns Alemannen auch nur Neid, weil die Menschen im höheren Norden sprachgewandter und direkter sind. Sie bringen es einfach schneller und direkter auf den Punkt. Die Devise der Alemannen bringt das schwäbische Lied „Schaffe Häusle baue, und nicht nach de Mädle schaue“ sehr gut zum Ausdruck. Hier hat die Schweiz mit dem Einfluss der frankophonen Kultur noch einen kleinen Vorteil. Mit der etwas lockereren Art unserer französisch sprechenden Landsleute können wir das schwäbische Lied etwas abändern. Dann heißt es: „Schaffe Häusle baue, und *trotzdem* nach de Mädle schaue“.

Resümee

Ich habe in der Beschreibung der verschiedenen Mandate klar zum Ausdruck gebracht, dass Führung und Management die entscheidenden Einflussfaktoren auf das Resultat darstellen. Vertrauen ist dabei das zentrale Element. Zum Gewinnen von Vertrauen gibt es keine Patentrezepte, auch, weil jeder Mensch anders reagiert. Es ist wie bei der Kindererziehung, man muss die Methoden immer dem Kind anpassen, weil jedes Kind eine eigenständige Persönlichkeit ist und anders reagiert. Es ist aber wichtig, dass der Aufbau von Vertrauen immer konkrete Handlungen bedingt. Im Weiteren ist es eine ständige Aufgabe ohne Pausen. Wichtig ist auch Bescheidenheit, denn man hat es immer mit Menschen zu tun und die Devise muss lauten: „Man muss Menschen mögen“. Nicht Angst, aber ein gewisser Respekt vor der Führungsaufgabe ist angezeigt. Manchmal braucht es einfach nur einen gesunden Menschenverstand, und Demut kann auch nicht schaden. Sicherlich braucht es zudem Dankbarkeit. Man darf Menschen zum Erfolg führen, und man muss sich des Einflusses auf Menschen immer bewusst sein.

Begriffsverzeichnis zu diesem Beitrag

- KMU: Begriff für kleine und mittlere Unternehmen bis maximal 500 Mitarbeitende
- KPI: Key Performance Indicator
- Jour Fixe: Regelmässig stattfindendes Treffen eines bestimmten Personenkreises (Regeltermin), in meinem Fachbeitrag als 1:1-Meeting zwischen mir und jeweils einem meiner unterstellten Mitarbeitenden verwendet
- KVP: Kontinuierlicher Verbesserungs-Prozess
- SCM: Supply Chain Management
- ERP: Enterprise Resource Planning, bezeichnet eine Softwarelösung zur Ressourcenplanung eines Unternehmens bzw. einer Organisation

Ertragskraft und Liquidität verbessern

Hans Rolf Niehues, Inhaber Unternehmens.Partner

Warum machen wir keinen Gewinn? Die Kalkulationen sehen doch gut aus! Wir müssen dauernd Geld nachschießen! Wir können die Liefertermine nicht halten! Von Ursache und Wirkung.

Abstrakt

Als Interim Manager bekommt man manchmal Aufträge mit der Vorgabe, dieses oder jenes Problem wieder zu richten, wobei sich im Projektverlauf herausstellt, dass das Problem als solches nicht erkannt worden war und die Lösung anders gelagert ist. Mitunter werden die Ursachen schlechter Ergebnisse oder einer Unterfinanzierung oder auch funktionalen Stillstands nicht verstanden. Der Ursprung liegt vielfach in mangelnder Kenntnis der Zusammenhänge der betrieblichen Funktionen in den Prozessen bzw. Prozessketten und Abhängigkeiten voneinander. Es wird linear in Silos gedacht und entschieden, ohne den Gesamtprozess zu kennen. Unterstützt wird dieses Verhalten durch das Gewähren von „Freiheitsgraden“, die aber nicht zum gemeinsamen Ziel beitragen.

Dies möchte ich in diesem Artikel an einigen Beispielen aus dem Maschinen- und Anlagenbau aufzeigen und meine Lösungen dazu erläutern, um Ertragskraft und Liquidität langfristig wieder herzustellen.

Es zeigte sich immer wieder, dass die Nabelschau, das Denken „inside-the-box“ nicht zum Erkennen und Beheben der Ursachen geführt hatte. Die Sicht eines Interim Managers von außen, der nicht Rücksicht auf die „organisatorischen“ Befindlichkeiten nehmen muss, erlaubt die Benennung der Missstände und führt in der Folge so auch zur Abhilfe.

Beispiel 1: Wir haben zu hohe Materialkosten!

Welche Maßnahmen müssen ergriffen werden?

Hierbei handelt es sich um einen Maschinenbauer, der Einzelfertigungen auf der Grundlage von Basis-Konstruktionen erstellt. Die Unternehmung war durch einen Private Equity Investor übernommen worden. Ich wurde als Kaufmännischer Leiter bei einer bestehenden Insolvenz hinzugezogen. Im Fokus stand die Erstellung einer Unternehmensplanung im Rahmen einer Fortführungsprognose nach IDW-S6 (Sanierungsgutachten gemäß Standard Nummer 6 des Instituts der Wirtschaftsprüfer, IDW).

Die erste Analyse der Gewinn- und Verlustrechnung durch die beteiligte Geschäftsführung und den Gesellschafter ergab, dass der Materialeinsatz zu hoch sei und damit die Margen zu gering. Der resultierende Cash-Flow war nicht ausreichend, um alle Gläubiger zu bedienen. Außerdem waren Covenants, also Regeln in Kredit-/Anleiheverträgen, nicht eingehalten worden. Auf Grundlage dieser Einschätzung sollten im Rahmen der Planerstellung insbesondere auch Maßnahmen zur Reduzierung des Materialaufwands erarbeitet und in der Planerstellung berücksichtigt werden, um wieder profitabel zu werden und den erforderlichen Cash-Flow zu generieren.

Erste Gespräche mit den Verantwortlichen im Einkauf brachten schnell die Erkenntnis, dass die Lösung nicht in besseren Konditionen liegen konnte. Im Rahmen der Insolvenz waren Lieferanten dazu gezwungen, nur gegen Vorkasse zu liefern. Preisverhandlungen waren aussichtslos. Der Cash-Cash-Cycle verkürzte sich dadurch dramatisch, woraus schon ein höherer Finanzierungsbedarf resultierte.

Weitere Gespräche offenbarten den eigentlichen Grund für den hohen Materialeinsatz. Materialien und Bauteile wurden bestellt, aber in der Fertigung stellte sich heraus, dass diese vielfach nicht verbaut werden konnten. Es wurde gleichfalls deutlich, dass die den Bestellungen zugrunde liegenden Stücklisten nicht korrekt waren. In der Folge mussten Teile nachbestellt und/oder nachbearbeitet werden. Erhöhte Kosten für Material waren die direkte Folge. Dazu kamen noch Sonderkosten für den Transport zum und vom Lieferanten; mitunter sogar als Eilfracht, um Liefertermine halten zu können, sowie noch zusätzliche Sonderkosten in der Auslieferung. Im Falle einer dadurch verzögerten Auslieferung an die Kunden mussten zudem Pönale gezahlt werden. Sonderkosten in der Beschaffung und Pönale wurden in der GuV aber nicht unter Materialeinsatz verbucht und trugen somit auch zu einer schlechten Ertragslage bei.

In diesen Gesprächen kam noch zu Tage, dass in der Fertigung Bauteile aus bereits fertigen Anlagen wieder ausgebaut wurden, um diese in Anlagen zu verwenden, bei denen ein Liefertermin dringend anstand. Diese Kosten waren nicht unter Materialkosten verbucht, sondern erhöhten die Kosten der Fertigung. Im Schema der statuarischen Gewinn- und Verlustrechnung nach HGB sind diese hauptsächlich jedoch Personalkosten. Im Jargon werden sie auch „Soda-Kosten“ genannt – diese Kosten sind „sowieso da“.

Eine weitere Erkenntnis war, dass die für eine Fertigung ungeeigneten Bauteile nicht retourniert werden konnten und somit den Bestand im Lager erhöhten, wodurch Kapital gebunden wurde. Dies war ein weiterer Baustein im Erklärungsstrang zur Unterfinanzierung des Unternehmens.

Im Controlling wurde ich über einen doch überraschenden Umstand aufgeklärt. Man wies darauf hin, dass das ERP-System nicht integriert sei und man habe Materialwirtschaft und Fertigungswirtschaft „für Geld“ entkoppeln lassen. Im Zusammenhang mit den falschen Stücklisten wurden manuell Bestellungen ausgelöst. Das für eine bestimmte Anlage angelieferte Material wurde vereinnahmt, aber nicht für bestimmte Aufträge/Projekte reserviert. Die Fertigungsaufträge wurden mit den falschen Stücklisten eingelastet, und bei Entnahmen aus dem Lager mussten die benötigten Teile gesucht werden. Wie schon beschrieben, war die Vollständigkeit und Richtigkeit nicht immer gegeben. Die Erklärung aus der Konstruktionsabteilung war, dass man keine Zeit gefunden habe, die Pläne generell zu korrigieren, da man dauernd mit der Überarbeitung der Pläne im laufenden Geschäft befasst sei.

Eine Fertigungsplanung war somit auch nicht im System machbar, sodass man sich mit manuell erstellten Listen beholfen hatte. Da das ERP keine belastbaren Daten liefern konnte, hatte der Controller zum Zweck eines Projekt-Controllings eigens eine Excel-Datei aufgebaut, in der die Verbräuche an Material und Stunden – so weit wie möglich – manuell erfasst wurden. Die Stati wurden in der Zeitreihe mitgepflegt. Der Soll-Ist-Abgleich gegen die Angebotskalkulation war nicht aussagekräftig, denn die Angebote beruhten auf falschen Stücklisten und Arbeitsplänen. Die Nachkalkulation wies in der Regel einen negativen Deckungsbeitrag aus. Kurzgefasst: Die Firma war nicht steuerungsfähig. Materialkosten ließen sich unter diesen Umständen mit „normalen“ Maßnahmen nicht reduzieren.

Im ersten Schritt bestand die Hauptaufgabe darin, das ERP-System wieder zu integrieren. Angebote mussten auf korrekten Konstruktionsplänen mit korrekten Stücklisten und Arbeitsplänen beruhen. Bestellungen mussten wieder projektbezogen ausgelöst werden, Material mit Projektbezug eingelagert werden, die Fertigung Verbräuche an Material und Stunden richtig rückmelden.

Das hieß im zweiten Schritt, alle Stücklisten und Arbeitspläne zu überarbeiten, um erstens eine Grundlage für die Vorkalkulation zu haben, zweitens richtige Bestellungen auszulösen, und drittens eine geordnete Fertigung zu ermöglichen.

Im dritten Schritt musste der Controlling-Würfel angepasst werden. Der Fokus war eine lückenlose Nachverfolgbarkeit vom Angebot bis zur Auslieferung und danach wegen weiterer Serviceleistungen zu gewährleisten. Auch der Bestandsort wurde mitgepflegt, dies nicht zuletzt wegen der Bilanzierung – eigener Bestand als angefertigte Anlagen (work-in-progress, WIP) oder Fertigware, sondern auch in Bezug auf Auslieferungen an Töchterfirmen sowie verleaste Anlagen. Damit war auch wieder eine nachvollziehbare Bewertung der Bestände möglich.

Die genannten Punkte waren eine Gemeinschaftsaufgabe. Die Aufgabe bestand darin, die Firma als Ganzes zu betreiben und sich nicht in den Abteilungen zu isolieren. So habe ich ein Krisen-Team zusammengerufen mit Mitgliedern aus allen Abteilungen am Tisch. Nach meiner Erkenntnis bestand bei den einzelnen Mitarbeitern wenig Verständnis für die Erfordernisse, die ein integriertes ERP-System mit sich bringt. Es ging um die Abhandlung der Kreuzthemen, Aspekte, die vermeintlich nur eine Abteilung betreffen, aber Auswirkungen in den anderen Funktionen haben.

Anfänglich wurde einmal von einem Mitarbeiter geäußert, dass die Anwesenheit in dem Team bloße Zeitverschwendung und er doch davon gar nicht betroffen sei. Dann passierte genau das, was ich erwartete. Bei einem Thema, das diesen Mitarbeiter nicht unmittelbar betraf, kam just der Zwischenruf, dass die Lösung so aus diesen und jenen Gründen nicht funktionieren könne. Dieser Zwischenruf kam zur rechten Zeit, den Rest des Teams wieder dafür zu sensibilisieren, Prozesse von Anfang bis Ende durchzudenken und sich nicht auf Belange des eigenen Aufgabenbereiches zu beschränken.

Die beschriebenen Pakete wurden parallel abgearbeitet. Die Planungsrechnung für die Fortführungsprognose wurde mit aktuellen Planzahlen basierend auf korrigierten Stücklisten erstellt. Ein zuvor wohl nicht berücksichtigter Aspekt dabei war ein Mengengerüst, das auf einer Kapazitätsplanung beruhte. Die Historie der Stundenaufschreibungen in der Produktion zu den Einzelprojekten war aufgrund der geschilderten Umstände nicht verwertbar. Die Planung von Gewinn und Verlust demonstrierte, dass das Unternehmen mit dem Angebotsportfolio am Markt rentabel arbeiten konnte. Die Planung von Bilanz und Cash-Flow zeigte die zu erwartende Finanzierungslücke in der Zeitreihe auf.

Der Maßnahmenplan zur Umsetzung der skizzierten Re-Integration wurde Bestandteil des Fortführungskonzeptes, das genau so genehmigt wurde. Die Finanzierung wurde sichergestellt und die Geschäfte wurden fortgeführt. In diesem Projekt ergab sich im Abstand von zwei Jahren ein kurioses Déjà-vu. Der kaufmännische Leiter hatte das Unternehmen verlassen und ich wurde gebeten, in einer zweiten Insolvenz Unterstützung zu leisten. Für die Gesellschafter und die beteiligten Banken war der Grund für die zweite Insolvenz nicht ersichtlich. Die Umsätze waren gestiegen, die Ertragslage gut, aber es hatte sich eine beachtliche Liquiditätslücke aufgetan.

Im Rahmen meiner Sachstandsaufnahme konnte ich feststellen, dass das re-integrierte ERP inzwischen vom neuem ERP abgelöst worden war. Die Funktionen waren integriert und bildeten den Wertefluss richtig ab. Der Controller, mit dem ich den „Controlling-Würfel" aufgebaut hatte, musste mir allerdings berichten, dass die Datei nach Einführung des neuen ERP-Systems auf Veranlassung der Geschäftsführung nicht weitergepflegt worden war. Die Informationen aus dem ERP lieferten also keine Informationen, die dem damals konzipierten Controlling-Würfel nahekamen. So haben wir den Würfel reanimiert und in mühevoller manueller Arbeit alle Daten pro Projekt nachgepflegt. Jede einzelne Anlage konnte wieder vom Angebot bis zur Fakturierung nachvollzogen werden.

Die überraschende Erkenntnis war, dass Innenumsätze an die ausländische Tochter im externen Reporting gegenüber Gesellschaftern und Bankenkreis als Außenumsatz dargestellt worden waren. An die Töchter gelieferte Anlagen waren nur teils weiterverkauft worden. Der größere Rest war noch im Bestand der Töchter. Damit war Kapital gebunden worden, wodurch die Liquiditätslücke grundsätzlich erklärt werden konnte.

Das Reporting wurde berichtigt und in der Folge stimmten Gesellschafter und Banken einer weiteren Mittelzuführung zu. Eine Fortführungsprognose musste nicht beauftragt werden. Die Unterfinanzierung, und damit die Insolvenz, wurde behoben und die Firma fortgeführt.

Zwischenfazit

Die offensichtliche Wirkung war eine Unterfinanzierung / Insolvenz, die auf der augenscheinlichen Ursache hoher Materialkosten und dadurch schlechter Ergebnisse zu beruhen schien.

Die tiefergehende Analyse offenbarte aber ein ganzes Ursachenbündel, das in einem des-integrierten ERP-System mit falschen Stücklisten und Arbeitsplänen einen hohen Materialverbrauch mit hohen Sonderkosten auch noch erhöhte Fertigungskosten verursachte. Außerdem wurde dadurch mit falschem Material im Bestand unnötig Kapital gebunden.

Im Rahmen der Due Dilligence war das ERP-System offenbar nicht in ausreichendem Maße einer Prüfung unterzogen worden. Für eine effektive Unternehmenssteuerung ist es unabdingbar, Material-, Beleg- und Wertefluss in der Gesamtheit zu betrachten. Die Abbildung aller Prozesse und deren Abhängigkeiten muss im ERP-System gewährleistet sein.

Mitarbeiter quer durch die Funktionen bzw. Abteilungen müssen „mit auf die Reise" genommen werden, um dadurch Problembewusstsein zu schaffen, Silo-Denken muss überwunden und eine „Firmen-Lösung" erarbeitet werden. Ziel ist nicht die Exzellenz im Silo, sondern Erfolg im Markt.

Der Aufbau einer Controlling-Instanz, die auf einem geschlossenen Datenmodell, also auf mehr als den separaten Daten aus den Funktionen beruht, schafft erst die notwendige Klarheit, die die Steuerung der Unternehmung möglich macht.

Beispiel 2: Controlling liefert falsche Berichte

und liefert keine Maßnahmen zu einer Ergebnisverbesserung

Bei diesem Beispiel handelt es sich um einen konzerngebundenen Anlagenbauer mit Einzelfertigung. Vom Vorstand wurde ich als Berater damit beauftragt, das Reporting des Controllers zu begutachten. Man war der Ansicht, dass der Controller den Aufgaben nicht gewachsen sei. Es gebe immer Diskrepanzen zwischen den Berichten aus dem Controlling und den Zahlen des Projekt-Managements. Letztendlich wies die Gewinn- und Verlust-Rechnung der Buchhaltung negative Ergebnisse für die Unternehmung aus. Außerdem seien vom Controlling keine Maßnahmen zur Verbesserung der Ergebnislage formuliert worden.

Die Überprüfung der vom Controlling zu erstellenden Berichte zeigte, dass die vom ERP-System generierten Daten richtig darin verarbeitet worden waren. Im Gespräch mit dem Projekt-Management wurde mir bedeutet, dass das ERP keine verlässlichen Daten liefere und man daher gezwungen sei, als Notbehelf den Fortschritt bei Materialverbrauch und Fertigungsstunden manuell per Excel fortzuschreiben. Die Buchhaltung wiederum konnte versichern, dass der gesamte Buchungsstoff in der Regel vollständig verbucht worden sei.

Um diesen Widerspruch aufzulösen, wandte ich mich an die IT-Abteilung. Der Mitarbeiter dort verwies mich an den Software-Berater, der zweimal in der Woche vor Ort sei und diesbezügliche Fragen beantworten könne. Mit dem Berater hatte ich sodann einen Termin vereinbart. Zu meinem großen Erstaunen wurde mir dann Folgendes eröffnet. Die eingesetzte Software war eine speziell auf den Anlagenbau abgestellte integrierte

Anwendung mit Materialwirtschaft, Fertigungswirtschaft, Einkauf, Projektmanagement, Kostenrechnung und Buchhaltung. Aber das Softwarehaus sei durch die seinerzeitige Geschäftsführung beauftragt worden, die Fertigungs-Rückmeldung zu entkoppelt und durch eine Matrix mit einer fixen Marge in Höhe von 30 Prozent zu ersetzen. Die mitlaufende Kalkulation im ERP zeigte damit bei jedem Auftrag ein auskömmliches Ergebnis. Auf diesen Daten beruhten die Berichte, die im Controlling verarbeitet wurden. Diese Tatsache war im Unternehmen keinem Mitarbeiter bewusst!

Zudem bestand eine weitere Ursache für eine unzureichende Ertragslage bei der Angebotsführung. Es oblag dem Projekt-Ingenieur, aus dem Fundus der alten Konstruktionen eine in seinem Sinne adäquate Vorlage auszuwählen und das Angebot darauf basierend zu erstellen. Jeder Ingenieur hatte dabei indes seine eigene Vorstellung. Es gab keine „Norm" und keine Basis-Baugruppen. Die zufällig herangezogene Zeichnung wurde nach erfolgter Bestellung der Konstruktion zur Anpassung an die Kundenspezifikation übergeben. Das bedeutete in der Konsequenz, dass der Zufall bestimmte, welche Zeichnung weiterentwickelt wurde und sich damit zwangsläufig die Anzahl der Zeichnungssätze immer weiter in unorganisierter Weise erhöhte. Nun konnte ich bei weiteren Nachfragen in der Konstruktionsabteilung in Erfahrung bringen, dass Zeichnungen nicht gepflegt wurden. Es gab keine Versionierung oder auch nur die Möglichkeit, dass Änderungen unter der gleichen Zeichnungsnummer wieder archiviert wurden. Das hieß, dass die Angebote letztendlich vom Kopfwissen der jeweilig Verantwortlichen abhängig waren und nicht einer gemeinsamen Linie folgten.

Gravierender war die Tatsache, dass Konstruktionszeichnungen falsch waren. Dies war der Fertigung durchaus bekannt, die vor Ort die Fehler nach eigenem Gutdünken behob. Die Fertigungskosten stiegen durch diese Nachbesserungen. Abweichungen zum Angebot waren in der Nachkalkulation in den Augen der Beteiligten normal. Das Kalkulationsblatt war zudem nicht korrekt aufgebaut. Obwohl alle diese Fehler bekannt waren, wurden Zeichnungen, die als Vorlage dienen könnten, bzw. sollten, nicht berichtigt. Dieser Umstand war hauptsächlich der hohen Fluktuationsrate in der Konstruktionsabteilung geschuldet. Dabei ist sehr viel Kopfwissen verloren gegangen.

Eine schon laufende Maßnahme zur Ertragssteigerung bestand in der Auslagerung der Vorfertigung, die jedoch unter den beschriebenen Umständen die Situation nur noch verschlimmert hatte. Die falschen 2D-CAD Zeichnungen wurden zu dieser Zeit durch einen externen Dienstleister auf 3D-CAD umprogrammiert, ohne dass im Vorfeld Zeichnungen berichtigt und/oder versioniert worden. Diese neuen falschen Zeichnungen bildeten im Einkauf die Grundlage der Spezifikation bei den Bestellungen. Die eigenen Fertigungsanlagen waren schon abgebaut und verwertet worden. Lieferanten fertigten den Spezifikationen entsprechend die bestellten Bauteile, die jedoch so in der Montage nicht verwendet werden konnten. Bei der vorherigen Eigenfertigung wusste die Produktion, was wie korrigiert werden musste. Hohe Fertigungskosten durch Nacharbeit und Sonderlieferungen waren die Folge.

Meine Erkenntnisse habe ich dem Konzernvorstand und der Geschäftsleitung dargelegt und meinen Vorschlag zur Behebung der Missstände zur Diskussion gestellt. Ich will nicht verhehlen, dass einige Erklärungen und Begründungen notwendig waren, die Beteiligten von der Richtigkeit meiner Einschätzung der Sachlage und der Wege zur Behebung zu überzeugen. Denn das Ergebnis war mit Blick auf den ursprünglichen Ansatz für meinen Einsatz so nicht erwartet worden. Das Bündel von

Maßnahmen musste parallel angegangen werden. Die grundlegende Aufgabe bestand darin, das ERP-System wieder in den „Normal"-Zustand zu bringen. Mit der Re-Integration des ERP konnten dann wieder die Ist-Herstellkosten mit der mitlaufenden Kalkulation per Fertigungs-Rückmeldungen pro Projekt gesammelt werden.

Die „Standardisierung" der Angebotsführung und die Überarbeitung der Stücklisten und Arbeitspläne mussten wegen der hohen Fluktuation Hand-in-Hand gehen. Bei einer neuen Anfrage wurde in Zusammenarbeit der Vertriebs-Ingenieure und der Konstrukteure entschieden, welche „Alt"-Zeichnung herangezogen werden sollte. Diese wurde daraufhin zum verbindlichen Muster für nachfolgende Anfragen bestimmt. Ein Teilaspekt dabei war auch, Baugruppen zu definieren, die als erste Schritte zu einer gewissen Standardisierung und Gleichteilen führen sollten. Darauf aufbauend konnte die Organisation der Zeichnungsverwaltung mit Versionierungen etc. angegangen werden. Dies war der Start für einen fortlaufenden Änderungsprozess.

Mangels einer Lösung im ERP habe ich das neue Kalkulationsblatt in Excel konzipiert und aufgebaut. Der Bezug auf die kalkulierten Verrechnungssätze und Materialeinstandswerte war gegeben. Zur weiteren Verwendung im Controlling habe ich die Möglichkeit für den Upload der Werte aus dem Excelblatt ins ERP als Budgetdaten für Soll-Ist-Vergleich programmieren lassen. Da laufende Projekte noch keinen Niederschlag im ERP haben konnten, wurde die Aufschreibung im Excelmodell des Projektmanagement bis auf weiteres fortgeführt. Historische Daten standen auch nur dort zur Verfügung.

Die Basis für eine zukünftigen „Normal"-Lauf war gegeben. Das System musste sich „auswachsen".

Zwischenfazit

Die offensichtliche Wirkung war die schlechte Qualität der vom Controlling erstellten Berichte, gepaart mit der mangelnden Fähigkeit, Maßnahmen zur Lösung zu benennen.

Die Grundlage dieser Unzulänglichkeit lag in einem Ursachenbündel in verschiedenen Abteilungen mit einem überraschenden Kernproblem. Ursache-0 war das korrumpierte ERP. Dadurch war jede Abteilung gezwungen, ihre kleinen Lösungen zu entwickeln, um „durchzukommen".

Dies wiederum führte zur Ursache-1, den verschiedenen, nicht verknüpften und abgestimmten Datenpools. Als ein Grundübel muss wohl die Ursache-2, die Angebotsführung, angesehen werden, die im Kontext mit der Ursache-3, der Zeichnungsverwaltung in der Konstruktionsabteilung gesehen werden muss. Der kulminante Punkt war die Folge aus den vorab genannten Fehlentwicklungen, die Auslagerung der Vor-Fertigungen.

Trotz des offensichtlichen organisatorischen Durcheinanders wurden nicht die richtigen Fragen gestellt. Ein Fehlerbewusstsein war auf allen Ebenen nicht vorhanden, die Widersprüche der Daten, die Diskrepanz zwischen Angebotskalkulationen und dem bilanzierten Ergebnis wurde nicht wahrgenommen. Der Controller konnte keine anderen Reports liefern, denn die Aufgaben und Zuständigkeiten waren anders aufgeteilt.

Probleme müssen hinterfragt werden, der Sache muss auf den Grund gegangen werden. Man muss sich und das eigene Tun auch in Frage stellen und nicht à-priori außen vorlassen.

Beispiel 3: Controlling zeigt Verluste

bei guter Angebotskalkulation! Kann nicht sein!

Auch bei diesem Beispiel handelt es sich um einen Hersteller mit Auftragsfertigung von Anlagen für definierte Problemlösungen. Ich wurde von der Geschäftsführung beauftragt, das Controlling zu überprüfen. Das Reporting aus dem Controlling wies für die Projekte Verluste aus, obgleich die Berichte des Vertriebs für die Projekte gute Ergebnisse vorzuweisen hatten. Man war der Meinung, dass die Abrechnung im ERP fehlerhaft sei.

Im ersten Schritt hatte ich mir vom Controller den Systemaufsatz des ERP sowie den Datenfluss und das resultierende Reporting erklären lassen. Meine Einschätzung war, dass der Belegfluss ordnungsgemäß abgebildet war. Die Integration von Materialwirtschaft und Fertigungswirtschaft funktionierte ohne Probleme. Fertigungsaufträge wurden richtig rückgemeldet. Die Daten wiesen auch keine Unstimmigkeiten auf. Im Endresultat zeigte die Monatsauswertung Margen, die größtenteils nicht auskömmlich waren, und schlussendlich zu einem negativen Betriebsergebnis führten.

Das bedeutete aber, dass das Problem viel grundsätzlichere Ursachen haben musste. In der weiteren Suche nach den Ursachen wandte ich mich an den Vertrieb und ließ mir die Angebotsführung und Angebotskalkulation erklären. Man griff auf einen „Angebots-Katalog“ zurück, der Vergleichsmuster für geforderte Lösungen der Kunden beinhaltete. Die Kalkulationen waren in Zusammenarbeit mit der Kostenrechnung in der Controllingabteilung erstellt worden. Soweit schien die Vorgehensweise in Ordnung zu sein. In weiteren Gesprächen erfuhr ich, dass der Katalog im Vertrieb in eigener Verantwortung zusammengestellt worden war. Eine Koordination mit der Konstruktionsabteilung schien es nicht gegeben zu haben. Ich vermutete hier die „Verteidigung der eigenen Zuständigkeit“ in der Unternehmenshierarchie. Dies sei wohl auch so, wurde mir von anderer Seite bestätigt. Ein Phänomen, dass des Öfteren in funktional, hierarchisch organisierten Unternehmen anzutreffen ist. Der Vergleich der abgegebenen Angebote zu den dann abgeschlossenen Verträgen offenbarte, dass die Spezifikation des Vertrages nicht dem abgegebenen Angebot entsprach. Man verkaufte also etwas anderes, als man angeboten hatte. Aber das zum Angebotspreis! Im weiteren Prozess erstellte die Konstruktionsabteilung daraufhin Zeichnungen mit Stücklisten, die die Anforderungen der Spezifikation umsetzte.

In meiner Recherche stieß ich auf ein weiteres Kuriosum. Die Konstruktion sah sich als Zentrum der Wertschöpfung und zog es vor, „das Rad immer wieder neu zu erfinden“. Man griff nicht auf Zeichnungen bereits gelieferter Anlagen, die sich bewährt hatten, zurück, sondern konstruierte bei jedem Auftrag von Grund auf neu. Ein krasses Beispiel mag die Ressourcenverschwendung deutlich machen. Zehn gleiche Maschinen waren von einem Kunden bestellt worden. Zehn unterschiedliche Maschinen wurden konstruiert, gefertigt und geliefert. Dieses Verhalten wurde noch dadurch auf die Spitze getrieben, dass ein an diesem Projekt beteiligter Ingenieur eine Sonderbestellung für Elektroantriebe auslöste. Für den Bedarf von ein paar Motoren wurde beim Lieferanten eine Kleinserie aufgelegt und geliefert. Die restlichen Motoren wurden auf Lager genommen. Nun wurde dieser Typ aber nicht in allen zehn Anlagen verbaut, sondern nur in einer! Die Erklärung des Ingenieurs für diese Aktion war: „Ich wollte das mal ausprobieren.“ Und er durfte das! Früher hatte es ein Normbüro gegeben, das aber im Rahmen von Maßnahmen zur Kosteneinsparung als unnötig angesehen und aufgelöst worden war.

Im nächsten Prozessschritt in der Fertigung erwartete mich eine weitere Überraschung. Man erklärte mir, dass oft anders gefertigt werden müsse als die Konstruktionspläne es vorgaben. Teils wurden sich in Bau befindliche Anlagen sogar wieder „zersägt“, weil die vorgefertigten Bauteile so nicht montierbar waren. Die Folgekosten für diese Arbeitsweise waren erhöhter Materialaufwand, erhöhte Fertigungskosten, Probleme im Service und Ersatzteilgeschäft, verbunden mit unnötiger Kapitalbindung. Die Ursache schlechter Ergebnisse lag in autonomen Entscheidungen der Funktions-Silos, die ihre Kompetenzen nicht abgeben, „sich nicht reinreden lassen“ wollten. Die Konsequenzen dieser Problematik waren nicht im Bewusstsein der Akteure, auch nicht der Geschäftsführung.

Zur Behebung dieser Missstände schlug ich ein Bündel von Maßnahmen vor. Startpunkt des Projektgeschäftes ist die Kundenanfrage und der Endpunkt ist die Inbetriebnahme mit der Übergabe an den Kunden. So empfahl ich, sobald eine Anfrage vorliegt, ein Projektteam zusammenzustellen, dass während der gesamten Projektlaufzeit die gemeinsame Verantwortung für alle Teilaspekte trägt. Wesentlich war, dass alle Funktionen wie Vertrieb, Konstruktion, Fertigung, Kostenrechnung und Montagen von Anfang an daran beteiligt werden. Der Grundgedanke war, durch das Einbinden aller Erfahrungshorizonte, frühzeitig falschen Entscheidungen vorzubeugen, Fehlentwicklungen zu verhindern und Kosten zu optimieren.

Der alte Angebotskatalog musste unbedingt durch einen neuen Katalog ersetzt werden, der sich an den bisher für Kunden umgesetzten Entwicklungslösungen orientierte. Die Strukturierung der Angebotspalette sollte auf sogenannten Stammstücklisten basieren, das heißt, Standard-Baugruppen mussten identifiziert werden, Zeichnungen und Stücklisten sowie Arbeitspläne selektiert werden. Herstellkosten mussten dem entsprechend kalkuliert und Angebotspreise bestimmt werden.

Ich empfahl auch, die Konstruktion neu zu organisieren, Aufgaben und Ziele neu zu bestimmen. Stammstücklisten und Arbeitspläne müssten mit dem Fokus auf Fertigbarkeit, Montagefähigkeit, Beschaffbarkeit, Wiederholbarkeit (Gleichteile) überarbeitet werden. In diesem Kontext schien es mir mehr als zielführend zu sein, auch die Empfehlung auszusprechen, die Norm-Abteilung wiederzubeleben. Die Kehrtwende war und ist ein längerer, fortlaufender Veränderungsprozess, der es erlaubt, wieder das anzubieten, was auch verkauft wird, und das zu konstruieren, was verkauft wurde und auch gefertigt werden kann. Die Berichte der Controllingabteilung erhalten dadurch ihre Vertrauenswürdigkeit zurück.

Zwischenfazit

Die offensichtliche Wirkung war ein schlechtes Ergebnis als Spiegelbild des unternehmerischen Tuns. Um die Ursache aufzuspüren, bedarf es an erster Stelle der Bereitschaft, sich selbst mit seinem Tun in Frage zu stellen. Und damit die Prozesskette Schritt für Schritt zu analysieren. Sind Abläufe, Zuständigkeiten und Daten im Prozessfluss richtig? Wo sind Brüche? Wo sind Widersprüche? Welches sind die Hemmnisse? Wo sind die Lücken? Einfach Frage stellen! Den Ist-Status hinterfragen!

Es empfiehlt sich, dem Lauf des Geschäftsprozesses zu folgen und die W-Fragen immer wieder zu stellen. Warum wird es gemacht? Wie wird es gemacht? Die Antworten in der Summe führen zur Lösung!

Beispiel 4: Percentage-of-Completion ist falsch berechnet

Wir haben dauernd Liquiditätsengpässe!

Ein im Sonderanlagenbau tätiger Konzern hatte eine kleinere Gesellschaft übernommen. Nach der Übernahme hatte das alte Management die Firma verlassen. Man hatte mich damit beauftragt, die Integration als CFO der Tochter zu begleiten. Im Fokus stand die Qualität der Rechnungslegung und insbesondere die Berechnung der Umsatzrealisierung im Umsatzkostenverfahren gemäß „Percentage-of-Completion". Dies war für die Konzernrechnungslegung zwingend erforderlich.

Schon in den ersten Tagen musste ich feststellen, dass es keine Datenbasis gab, die die Berechnung des Fortschritts in der Fertigung ermöglicht hätte. Es gab keine verlässlichen Aufschreibungen, denn vorher war der Umsatz erst mit Rechnungsstellung gebucht worden. Vor meinem Engagement hatte man hilfsweise schon eine Datei in Excel aufgebaut, mit der man bei Monatsschluss versuchte, Prozentsätze für die Umsatzrealisierung zu bestimmen. Die Ermittlung war aber weder konsistent noch nachvollziehbar.

Mein erstes Interesse galt dem ERP-System, zumal es mir unerklärlich schien, warum man zur Berechnung des Prozentsatzes nicht auf Daten daraus zurückgreifen konnte. Das ERP, eine moderne integrierte Lösung für produzierende Unternehmen geeignet, war zwei bis drei Jahre zuvor eingeführt worden. Aktuelle Update-Versionen waren allerdings seitdem nicht mehr aufgespielt worden. In einem Gespräch mit dem Controller wurde mir eröffnet, dass Materialwirtschaft, Fertigungswirtschaft, und Einkauf getrennt seien und auch die Buchhaltung separat geführt wurde.

Das hatte für die Abarbeitung der Aufträge folgende Konsequenzen. Nach Auftragserhalt wurden Stücklisten in Excel angelegt, entsprechend vergleichbarer Anlagen, die schon einmal ausgeliefert worden waren, und den notwendigen Anpassungen, die sich aus den aktuellen Zeichnungen ergaben. Diese Excel-Listen waren Grundlage für die Bestellungen, die im Einkauf manuell ausgelöst wurden. Die Bestellverfolgung wurde ebenfalls mit Hilfe dieser Dateien durchgeführt. Nach Erhalt der Waren wurde alles direkt in den Aufwand gebucht, das heißt, es wurden daher auch keine WIP/Anfertigungen gebucht. Eine Bestandsführung im ERP fand nicht statt. Ferner diente diese Liste zugleich als Lagerbuch zur Kontrolle des Materialabflusses in die Fertigung. Daten für eine Rechnungslegung waren nicht vorhanden und die Excel-Liste beruhte auf bloßen Annahmen. Da die Verbräuche gebucht, die Lagerbestände jedoch nicht gebucht wurden, war einer nachvollziehbaren Buchung im Umsatzkostenverfahren mit Umsatzrealisierung gemäß IFRS –„Percentage-of-Completion" (Fertigstellungsgrad) jegliche Grundlage entzogen.

Hierin lag auch eine Erklärung für den hohen und weiter steigenden Liquiditätsbedarf. Bei guter Auftragslage und wachsendem Orderbuch wurden Bestellungen in der Regel bei Auftragserhalt ausgelöst. In vielen Fällen waren Vorauszahlungen zu leisten. Es gab kein Beschaffungs-Management, nur auftragsbezogenen Einkauf. In einem extremen Fall wurde bei einem Projekt mit einer Laufzeit von zwei Jahren der komplette Materialbedarf bestellt und vereinnahmt! Die Analyse der eingegangenen Aufträge offenbarte außerdem, dass Anzahlungen nicht in ausreichendem Maße oder mit zu langen Fristen vereinbart wurden. Der Cash-to-Cash-Cycle wurde dadurch drastisch verkürzt. Die Unterfinanzierung im Projektgeschäft und damit der steigende Kapitalbedarf waren die logische Folge. Übrigens befanden sich auch die IT-Anlagen in einem „abenteuerlichen“ technischen Zustand. Man hatte die Firma wohl gekauft, ohne diese in Augenschein genommen zu haben.

Bei meinen weiteren Nachforschungen kam zutage, dass eingekaufte Teile auch nachgearbeitet werden mussten. Die unmittelbare Folge waren Sonderkosten im Einkauf mit höheren Einstandskosten, Sonderkosten in der Logistik für Transportkosten hin zu den Lieferanten und Wiederabholung sowie Sonderkosten in der Fertigung durch hohe Fertigungskosten aufgrund von Nacharbeit.

Der Grund dafür, so stellte sich heraus, waren falsche Zeichnungen. Man arbeitete mit sogenannten „flachen Stücklisten“, Stücklisten ohne Hierarchie, ohne Baugruppen zu verwenden. Es war auch keine Versionierung gepflegt worden. Jeder Konstrukteur hatte seinen eigenen Fundus an Basis-Zeichnungen, die er in der Angebotsphase nach eigenem Gutdünken heranzog. Dieses Vorgehen führte zu einer immer weiterwachsenden Komplexität und Unübersichtlichkeit. Angesichts des betriebenen Projektgeschäftes mit teilweise vielen Anpassungen an die Kunden-Spezifikationen glich dies einem Glücksspiel.

Arbeitspläne zur Zeichnung gab es nicht, und dementsprechend auch keine systemgestützte Fertigungsplanung. Die Fertigung wurde händisch durch den Produktionsleiter geplant. Somit existierte auch hier keine verlässliche Grundlage zur Bestimmung des Fertigungsfortschrittes. Die Abarbeitung der Aufträge wurde mittels eines VBA-Workflows per Excel und E-Mails zwecks Freigabe in den einzelnen Abteilungen durch das Project-Management gestartet. Nach dem Ausscheiden des CFO wurde diese Prozedur aber nicht mehr gepflegt. Das hatte zur Folge, dass E-Mails ins Leere liefen, weil Mitarbeiter die Firma verlassen hatten. Neue Projekte wurden nicht mehr „eingelastet", sondern per Zuruf gestartet. Dieser Umstand hatte auch zu den chaotischen Verhältnissen beigetragen.

Es muss erwähnt werden, dass das Projekt-Management nur ein Installations-Management war. Eine definierte Gesamtverantwortung, das Management eines Projektes von A bis Z war in der Organisation schlichtweg nicht etabliert. Die erste Aufgabe bestand darin, das Konzept für den Material-, Werte- und Belegfluss inklusive der Zahlungsflüsse und der Verbuchung zu entwickeln. Dazu hatte ich in Excel ein interaktives T-Konten-Modell aufgebaut, das alle Prozessschritte vom Auftrag bis zur Übergabe mit den notwendigen Buchungen abbildete. Das Modell diente dazu, bei der Buchhaltung, dem Softwarehaus und dem Wirtschaftsprüfer das Verständnis für die beabsichtigte Buchungsmechanik zu wecken, und die notwendige Zustimmung zu erlangen.

Ich nahm mit dem Softwarehaus, das die Einführung der Software geleistet hatte, Kontakt auf, um die notwendige Re-Integration des ERP-Systems zu diskutieren. Man war zu meinem Erstaunen nicht bereit, die Aufgabe ohne weiteres zu übernehmen. Die Softwareberater erklärten mir, dass die Des-Integration von der Firma *beauftragt* worden war, obwohl man auf die Konsequenzen deutlich hingewiesen hatte. Man habe den Auftrag mit innerem Widerstand dann aber doch durchgeführt. Daher habe man kein sonderliches Vertrauen mehr. Nach meinen Erklärungen mit Hilfe des Excel-Modells war man überzeugt, dass ein Neustart, auch nach den Vorstellungen des Softwarehauses, gelingen könnte. Dazu war eine dementsprechende Programmierung des Buchhaltungsmoduls der Software notwendig. Wesentlich war auch die Einführung einer Buchungskategorie „Projekt".

Im Rahmen der Re-Aktivierung der Fertigungswirtschaft sollte wieder mit Fertigungsaufträgen gearbeitet werden. Auch eine Fremdfertigung mit Beistellung war als Erweiterung vorgesehen. Die Verknüpfung zur Materialwirtschaft sollte wieder mit Entnahmescheinen mit Bezug auf die Projektnummer gelingen. Dadurch wurden auch wieder ordnungsgemäße Bestandsbuchungen möglich. Die mitlaufende Kalkulation erfasste die Werte für die Buchung als „Angefertigte Ware", und die Rückmeldung der Fertigungsaufträge erlaubte die richtige Bewertung des Fertigwarenbestandes zu IST-Herstellkosten.

Das Bindeglied zwischen Einkauf und Lagerwirtschaft sowie Buchhaltung, ein integratives Bestellwesen, war ebenfalls noch einzurichten. Bestands- und Wareneingang-Rechnungskonto sollten sachgerecht gebucht werden. Um die Prozesskette vollständig vom Auftrag bis zur Übergabe, sei es Fabrik oder Installationsort, lückenlos abzubilden, habe ich weitere Lagerorte, wie Servicefahrzeuge und Installationsorte aufsetzen lassen. Der direkte, vollumfängliche Einkauf bei Auftragseingang musste durch ein Einkaufs-Management ersetzt werden.

Der Weg zu einem Einkaufs-Management musste zwangsläufig auch über mehr Standardisierung und eine gezielte Modularisierung der Konstruktion gehen. Dafür mussten alle Zeichnungen überarbeitet, Stücklisten-Hierarchien mit Baugruppen erarbeitet sowie eine Nummerierung mit Standard und Varianten aufgebaut werden. Die Einführung eines speziellen Programms machte die Zeichnungsverwaltung und das Produktdaten-Management möglich. Arbeitspläne wurden im Rahmen der Überprüfung der Zeichnungen gleich miterstellt. So wurde der Grundstock gelegt für eine Fertigungswirtschaft und für die Kostenrechnung.

Das VBA-Makro für den Workflow der Auftragsverwaltung hatte ich im Script berichtigen können. Die Mailinggruppen habe ich auf den neuesten Stand gebracht und auch neue „Meilensteine“ eingefügt. In erster Linie war die Schleife über die Zeichnungsverwaltung zu gehen, aber auch im Vertrieb das Vertrags-Management auf die Abbildung der Konditionen (INCO-Terms, Einbehalt, etc.) und das Dokumentengeschäft zu fokussieren.

Damit der neue Prozess auch gelebt werden konnte, war die Aufbau-Organisation dem Ablauf anzupassen. Eine Projekt-Organisation im Gegensatz zur funktionalen Gliederung musste aufgebaut werden. Kern-Idee war, dass die Gesamtverantwortung für die erfolgreiche Abwicklung eines Auftrages nur im frühzeitigen Zusammenspiel aller Beteiligten erreicht werden kann. Jedes Projekt-Team hatte namentlich bestimmte Mitglieder (mit Vertretung) aus Vertrieb, Kalkulation, Einkauf, Fertigung und Projekt-Management. So konnten bereits ab der Angebotsphase alle nötigen Abstimmungen getroffen werden, um die Lieferung der richtigen Anlage zum richtigen Preis in der richtigen Qualität zum richtigen Termin am richtigen Ort zu gewährleisten. Auf diese Weise wird ein Projekt gesamtheitlich gemanagt und nicht alleinig auf die Installation beschränkt. Um den Kreis zu schließen: Das Projekt beginnt in der ersten Phase mit der Bestimmung der Grund-Zeichnung und der Bestimmung bzw. Erstellung einer Variante.

Die Behebung des „Datenmülls“ in der Konstruktion, im ERP und in der Buchhaltung war eine zwangsläufige Folge. Das Konzept zum „Auswaschen des Datenmülls“ im System umfasste mehrere Aspekte. Neue Konten mussten wegen falscher Bestandsdaten für neue Abläufe angelegt werden. Alte Fertigungsaufträge, die wohl eingelastet waren, hatten Daten (!), wurden aber nie genutzt, gebucht oder abgeschlossen. Der

Grund für das Vorhandensein der Daten konnte nicht geklärt werden. Es gab Hörensagen, dass daran wohl die hohe Fluktuation auf der Stelle des Fertigungsleiters Schuld sei, da jeder sein eigenes System aufgebaut hatte. Neue Lagerorte neben den alten wurden für die Abwicklung der neuen Abläufe aufgesetzt. Das Projekt war bei meinem Ausscheiden nach Vertragsende größtenteils abgeschlossen, war aber noch ein fortlaufender Prozess.

Zwischenfazit

Die offensichtliche Wirkung war ein nicht hinreichendes Reporting. Die Unkenntnis über die Zusammenhänge war hier in erster Linie darin zu suchen, dass man die Firma ohne eine in der Regel notwendige Due Dilligence aller Bereiche erworben hatte, somit „die Katze im Sack“ gekauft hatte. Spätestens ein IT-Audit hätte das Grundübel im Vorfeld entdecken können.

Nach meinem Dafürhalten war die Des-Integration schon mit dem Ziel erfolgt, Klarheit im Verkaufsprozess zu vermeiden. Zur Bestimmung des Kaufpreises standen nur die Finanzzahlen zur Verfügung, operative Werte gab es nicht! Das Management der Gesellschaft war zugleich deren Gesellschafter, inklusive des CFO.

Beispiel 5: Percentage-of-Completion schwankt von Report zu Report? Controlling arbeitet falsch!

Dieses Beispiel mag ein Déjà-vu beim geneigten Leser hervorrufen, aber es dient dadurch dem Erkenntnisgewinn. Fehler sind allgegenwärtig und vielfach sehr, sehr ähnlich gelagert. Der Mandant in diesem Beispiel war ein Anlagenbauer mit

Serien-Einzelfertigung. Ich wurde als Berater beauftragt, schwankende Werte der Umsatzrealisierung im Reporting zu hinterfragen. Teilweise wurden im aktuellen Monat geringere Werte als in der vorherigen Berichtsperiode ausgewiesen. Trotz gestiegenem Verbrauch waren mitunter die gleichen oder sogar niedrigere Prozentsätze der Fertigstellung (percentage of completion, PoC) als in Vormonaten berechnet worden.

Vom Controller habe ich mir deshalb den Prozess der Berechnung des Fertigstellunggrades erklären lassen. Die Berechnung erfolgte in einem vom Controller entwickelten, komplexen Excel-Modell. Alle Projekte – abgeschlossene, laufende und anstehende – waren dort gelistet. Das Modell berechnete die Buchungswerte für die Buchhaltung. Die Berechnungen erfolgten über mehrere Ebenen über verschiedene verlinkte Dateien ohne Verbindung zum ERP-System. Ich musste feststellen, dass es „Kopfwissen" des Controllers war; es war nicht dokumentiert! Zudem enthielt das Modell „Schleifen" (In-sich-Bezüge), die durch Iteration aufgelöst wurden. Das immer wieder anzutreffende Grundübel war, dass der Aufbau der Druckansicht entsprach, also keine Trennung von Grunddaten und Berechnungen erfolgte, und auch Basiswerte und Berechnungsformel in einer Zelle standen, ohne Verbindung zum ERP-System. Um das Modell mit den Grunddaten zu füttern, gab es monatliche Abstimmungsgespräche zwischen Fertigung, Einkauf und Controlling. Ausgehend von den jeweiligen Erkenntnissen der Teilnehmer wurden Verbräuche festgelegt. Diese Werte wurden in das Excel-Modell eingepflegt, der prozentuale PoC errechnete sich, Buchungsdaten wurden berechnet.

Auf meine Frage hin, warum man nicht auf Daten aus dem ERP zurückgreife, wurde mir bedeutet, dass das ERP-System veraltet sei und wegen verschiedener Anpassungen in den Modulen weder update- noch upgradefähig sei. Programmänderungen seien in der Vergangenheit ohne Konzept und Absprache durchgeführt worden. Materialwirtschaft und Fertigungswirtschaft seien entkoppelt worden. Eine Ablösung des ERP in naher Zukunft sei nicht geplant, da die Firma zum Verkauf stehe. Belastbare Daten für die Berechnung des PoC standen somit im System nicht zur Verfügung.

Das Grundproblem war den Beteiligten augenscheinlich bewusst. Durch Entkopplung des ERP ist die Materialverfügbarkeit für eingelastete Fertigungen nicht gewährleistet. Es gab keine Reservierungen bzw. Bestellungen auf eine Projektnummer. Und da jedermann freien Zugang zum Lager hatte, waren Entnahmen für andere Projekte an der Tagesordnung. Dadurch hatte man sich gezwungen gesehen, die Werte eigenhändig zu bestimmen.

Auf die Frage hin, warum es denn zu abnehmenden Fertigstellungsgraden komme, musste ich erfahren, dass die Basis der Vor-Kalkulation nicht belastbar sei. Im Angebot bezöge man sich auf alte Zeichnungsstände, die nach Vertragsschluss Nachbesserungen in der Konstruktion erforderlich machten und damit Mehrkosten verursachen würden. Damit erhöhten sich Herstellkosten für den Auftrag als „Soll"-Werte für die Berechnung des Fertigstellungsgrades, der sich dadurch verringere. Der Änderungsbedarf würde immer in den wöchentlichen Produktionsbesprechungen diskutiert.

Um den Prozess zu verstehen, nahm ich an den Besprechungen teil. Zur Dokumentation gab es eine Datei „Produktionsbesprechung", die sämtliche Änderungen protokollierte. Diese war eigens programmiert worden und wurde in einer SQL-Datenbank gespeichert. Es war eine reine Text-Datei ohne Bezug zum ERP oder anderen Daten. Einträge wurden einerseits chronologisch zu jeder Projektnummer gelistet, aber andererseits auch alte Werte einfach überschrieben. Auf diese Datei griff das Controlling nicht zurück. Der Bruch der Daten umspannte das ERP, die Buchhaltung, den Vertrieb, das Projekt-Management, den Einkauf und das Controlling. PoC war damit ein „moving target".

Das Grundproblem ließ sich unter den gegebenen Umständen nicht im System lösen. Also konzipierte ich eine Notlösung. Es musste ein Daten-Link zwischen Produktionsbesprechung und PoC-Berechnung im Controlling geschaffen werden. In einem weiteren Gespräch mit der IT-Abteilung wurde mir eröffnet, dass es schon Versuche gegeben hatte, das Problem zu lösen. Grundzüge seien bereits programmiert worden, aber das Projekt „PoC" war nicht weiterverfolgt worden. Daten der Produktionsbesprechungen sollten erfasst werden und weiterbearbeitet werden. Es handelte sich um die Aufschreibung der Projektdaten auf der Zeitschiene mit dem Wertefluss: Meilensteine und Verbräuche pro Projekt. Das bedeutete, die Daten aus der Produktionsbesprechung sauber und chronologisch zu übertragen. Ein Auslesen der Textdatei erschien nicht zielführend, sodass nur die manuelle Erfassung möglich war. Eine auslesbare Datei würde dadurch möglich.

Die Verbindung zur den bestehenden Controlling-Dateien war aufgrund der Fehlerhaftigkeit nicht der Weg. Somit habe ich eine neue Excel-Datei als Tabelle mit Berechnungen und Auswertungen aufgebaut. Daten aus Angebot, Vorkalkulation und mitlaufender Kalkulation waren darin verfügbar. Die Ermittlung der Fertigstellungsgrade und die Ermittlung der Werte für die Buchung berechneten sich daraus. Die Tabelle konnte nach Projekt und/oder dem Zeitpunkt des Monatsschlusses gefiltert werden. Für den Start mussten allerdings bis zur Fertigstellung des Moduls „PoC" die Daten noch manuell eingetragen werden. Ein Link zum Modul „PoC" würde danach das Laden der neusten Projektdaten ermöglichen.

Bei meinem Ausscheiden war die neue Excel-Tabelle mit Grunddaten bis dato manuell von mir gefüllt worden. Die Stringenz der Daten war gewährleistet. Die Zwischenlösung war arbeitsfähig, nachvollziehbar und dokumentiert. Die Fertigstellung der Programmierung des Moduls „PoC" stand an, eine Lösung in strikter Datentechnik

Es muss aber konstatiert werden, dass das Grundproblem ungelöst blieb. Die ERP-Integration stand nicht auf dem Plan und die Angebotsführung auf Basis nicht korrekter Zeichnungen und damit der Vor-Kalkulationen blieb bestehen. Der angeführte Grund waren fehlende Kapazitäten aufgrund des laufenden Geschäftes. In einem Memo habe ich den Grund für die Sprünge PoC ausführlich dargelegt. Das Memo wurde an den Konzern als Erklärung zu den Reporting-Zahlen weitergeleitet.

Zwischenfazit

Die offensichtliche Wirkung war eine vermeintlich fehlerhafte Berichterstattung. Es hatte mehrere Wechsel in der Geschäftsführung gegeben, wobei sich auch Prioritäten verschoben hatten. Die Zusammenhänge und Auswirkungen der Problematik waren der neuen Geschäftsführung nicht bewusst, man sah nur „sich widersprechende" PoC-Werte in der Zeitreihe. Wie sich aber herausstellte, hatten doch mehrere Mitarbeiter eine Vorstellung über die Ursachen. Sie waren aber mit ihren Lösungsvorschlägen nicht auf Gehör gestoßen.

Das Controlling beziehungsweise die Buchhaltung berichten nur in Zahlen das Ergebnis des Handelns. Diese Abteilungen sind nicht die Ursache der Ergebnisse; es sei denn, dass gravierende Fehler gemacht werden. Bei der Suche nach den Ursachen muss man der Prozesskette folgen und den Datenstrom kritisch hinterfragen. In funktionalen hierarchischen Organisationen muss überprüft werden, ob die Koordination zwischen den Abteilungen gewährleistet ist, oder ob es Insellösungen in den Silos gibt. Wo sind Brüche in den Prozessen und Daten?

Beispiel 6: Es gibt Probleme in der Buchhaltung

muss organisiert werden! Ein etwas anders gelagerter Fall, aber auch in Verkennung von Ursache und Wirkung

Eine Zwischenholding eines großen ausländischen Konzerns – die Zentrale als rechtliche Einheit –, die auch gleichzeitig Entwicklungszentrum war, hatte mich als Leiter Finanz- und Rechnungswesen hinzugezogen, um wieder Ordnung in die Abläufe in der Buchhaltung zu bringen. Der Stelleninhaber hatte die Firma bereits verlassen.

Bei der ersten Inaugenscheinnahme sah ich gleich das fundamentale Problem, denn sehr viel ungebuchter Belegstoff hatte sich angesammelt. Nach Auskunft der Buchhalter lag das Problem darin, dass eingehende Rechnungen nicht den Bestellungen zuordnet werden konnten. In der Folge mussten Rechnungen manuell zur Zahlung freigegeben werden. Bei diesem ineffizienten Vorgehen häuften sich die Mahnungen. Es erschienen sogar Gerichtsvollzieher mit Pfändungsbescheiden. In der Konsequenz gab es keine korrekten Monatsabschlüsse, wodurch das Controlling keine Reports liefern konnte, weder intern noch extern.

Aber warum hatte sich der Belegstoff derart aufgetürmt? Was hatte sich geändert? In der Kreditorenbuchhaltung habe ich mir die einzelnen Schritte demonstrieren lassen. Auf die Frage, warum man denn nun die Rechnungen nicht mehr zuordnen könne, wurde auf das neue ERP-System verwiesen, das gerade eingeführt wurde. Seitdem hätten sich Zustände verschlechtert.

Ich nahm also mit den Softwareberatern Kontakt auf. Zu meiner großen Überraschung wurde mir erklärt, dass auf Veranlassung der Abteilung für die Funktion Einkauf eigene „Lieferanten-Stammdaten“ angelegt werden mussten. Nach Rücksprache mit der Buchhaltung konnte ich feststellen, dass es keinen Bezug zu den Kreditoren-Stammdaten gab. Eine Zuordnung der Rechnungen zu empfangenen Lieferungen war dadurch unmöglich gemacht worden. Man hatte sich ein dysfunktionales, nicht integriertes System geschaffen!

Dazu kam, dass der Fokus zuerst auf das Hauptbuch und die Debitoren- sowie Kreditorenbuchhaltung gelegt worden war. Das hieß, wesentliche Funktionen fehlten noch. Das Bestellwesen war nur rudimentär etabliert worden. Die Materialwirtschaft mit dem Lager war nur für Waren eingebunden, aber auch das nur teilweise. Die alte Anlagenbuchhaltung war lange nicht gepflegt worden und dann im Scope für das ERP-Projekt noch nicht enthalten.

Viele Rechnungen wiesen keine Bestellnummer auf. Der Grund war einfach festzustellen. Es war Usus, dass Sachbearbeiter „auf Zuruf“ per Telefonat oder auch per E-Mail Dienstleistungen und Material ohne Beteiligung des Einkaufs anforderten. Viele „Bestellungen“ waren damit ohne Bestellnummer. Es handelte sich oft um hohe Beträge. Bei meiner Recherche stellte ich weiter fest, dass dadurch in der Materialwirtschaft Warenzugänge auch nicht zugeordnet werden konnten. Es hatte in der Vergangenheit mit manuellem Einsatz leidlich funktioniert, Rechnungen zuzuordnen und auszugleichen. Aber der „gebrochene“ Aufsatz des neuen ERP überforderte die Mitarbeiter in der Buchhaltung.

In der Buchhaltung wurde mir zudem erklärt, dass die Anlagenbuchhaltung doch eine Voraussetzung für den Jahresabschluss sei. Von der Konzernzentrale gab es aber die Vorgabe, neue Buchungen nur im Hauptbuch vorzunehmen. Damit war die Abbildung der Werkzeugkosten für das Projekt-Controlling unmöglich. Außerdem war im Scope eine Reisekostenabrechnung nicht vorgesehen. Diese würde derzeit noch manuell erledigt. Mit diesen Vorgaben war es schwierig, sachgerechte Projektabrechnungen zu erstellen.

Ich stellte dem Vorstand meine Erkenntnisse vor und erläuterte die sich daraus ergebenden Konsequenzen. Diese waren weitere Mahnverfahren und Pfändungen, keine Freigaben bei Auditierungen, sei es durch den Konzern, Kunden, das Finanzamt oder Prüfgesellschaften (ISO, etc.). Zur Behebung des Missstandes schlug ich die Korrektur des ERP-System vor, verbunden mit organisatorischen Änderungen. Dem wurde stattgegeben. Es mussten zwei Schwerpunkte parallel abgearbeitet werden. Erstens wurde das Team der Softwareberater verstärkt, zum einen, um die grundsätzlich notwendigen Anpassungen der Software zu erledigen, und zum anderen, um die ERP-Implementierung im neuen Scope zu beschleunigen.

Das Modul Einkauf musste neu aufgesetzt werden. Die „Lieferanten-Stammdaten“ waren zu löschen und durch die Kreditoren-Stammdaten der Buchhaltung zu ersetzen. Anreicherungen der Grunddaten für die Belange des Einkaufs sollten kein Problem darstellen. Damit verbunden war die Installation eines Workflows im Bestellwesen. Weiterhin mussten zur Abarbeitung des neuen Projekt-Scopes die Anlagenbuchhaltung, sowie ein HR-Modul zur Abrechnung der Reisekosten auf der Projektebene aufgesetzt werden.

Zweitens habe ich das Team in der Buchhaltung durch temporäre Kräfte kräftig aufgebaut. In erster Linie galt es, den Belegrückstand aufzuarbeiten, und das war manuelle Arbeit. Gleichzeitig habe ich im Buchhaltungsmodul eine Upload-Möglichkeit schaffen lassen, um die Massendaten der Abrechnungen der Mobilfunkanbieter und des externen Reisebüros zu verbuchen. Bisher kamen die Rechnungen stapelweise in schriftlicher Form ins Haus und mussten manuell den Kostenstellen und Projekten zugeordnet werden. Im Verein mit den Kreditoren wurde verabredet, die Papierbelege durch Datensätze zu ersetzen, die per Excel-Upload automatisch verbucht werden konnten.

Da man die Anlagenbuchhaltung in der Vergangenheit stark vernachlässigt hatte, musste eine Anlagen-Inventur angegangen werden. Dafür war weitere personelle Verstärkung notwendig. Alle Anlagegüter von Möbeln bis Maschinen wie auch Software wurden inventarisiert. In Ermangelung einer Buchhaltungssoftware, die erst im Aufbau war, habe ich eine Excel-Datei mit allen erforderlichen Berechnungen und Daten aufgebaut. Damit konnte ich einem Fast-Close des Jahresabschlusses in Ruhe entgegensehen. Und so hatte man gleichzeitig eine Basis, die in das neue Modul „Anlagen" übertragen werden konnte.

In Anbetracht der letztlich nicht haltbaren Zustände in der Beauftragung von Lieferungen und Leistungen musste neben der Anpassung der Software ein organisatorischer Rahmen geschaffen werden. Alles sollte per Bestellanforderung in einem Genehmigungsgang nur über den Einkauf bestellt werden. Dazu gehörte auch eine Verknüpfung mit der Warenzugangsbuchung und Rechnungsfreigabe. In einem Schreiben an alle Lieferanten wurde deutlich darauf hingewiesen, dass Rechnungen eine Bestellnummer ausweisen müssen. Und das eine Begleichung der Forderung ohne Angabe der Bestellnummer nicht erfolgen kann. Hiermit waren zwei Hebel etabliert, den Einkaufsprozess von „Order-to-Pay" im System wieder ordnungsgemäß abwickeln zu können. Einmal nach innen und einmal nach außen. In der Folge wurde anfänglich noch einige Male versucht, nach alter Art und Weise „Bestellungen" ohne den Einkauf auf den Weg zu bringen. Es wurde auch geleistet und in Rechnung gestellt. Nur, Bestellnummern konnten nicht angegeben werden und damit wurden die Zahlungen verweigert. Dieses Agieren „am System vorbei" fand daher schnell ein Ende.

Ein „Kleines Handbuch für Anforderer" wurde erstellt, sodass alle erforderlichen Buchungsdaten für die weiteren Prozesse schon bei der Bestellanforderung erfasst wurden. Dies umfasste Kostenstelle, Kostenart und Projekt-Nummer. Für die Kreditoren-Buchhaltung wurden Buchungsanweisungen erarbeitet, die auch Toleranzen für die Rechnungsfreigabe enthielten. Ziel war ein weitgehend automatisierter Prozess. Mit Blick auf dieses Ziel musste auch die Zuordnung der Lieferschein-Positionen zu den Bestellpositionen ermöglicht werden. In Zusammenarbeit mit dem Einkauf wurden mit den Lieferanten Artikelnummern und Artikeltexte mit Lieferanten abgestimmt.

Um den Prozess „rund zu machen" wurde zudem eine zentrale Warenannahme eingerichtet. Jegliche Warenlieferungen waren über das System zu vereinnahmen. Es gab nur Ausnahmen für bestimmte Leistungen wie zum Beispiel Marketing und Vertrieb mit Ausstellungen und Messen und die Rechtsabteilung oder den Vorstand. Für diese Leistungen musste der „Warenzugang“ in der Abteilung selbst in der Warenwirtschaft gebucht werden.

Damit war ein Acht-Augen-Prinzip installiert, das auch den Compliance-Anforderungen genüge tat: Bestellanforderung und Genehmigung, Bestellung und Genehmigung, Buchung des Warenzugangs, Rechnungserfassung, Zahlungsfreigabe, Zahlung. Das ERP war insoweit lauffähig, dass der Fast Close vom Wirtschaftsprüfer geprüft und testiert werden konnte. Meine Aufgabe war erfüllt!

Zwischenfazit

Die Zusammenhänge und Wechselwirkungen zwischen Software, Prozess-Integration, Aufbau- und Ablauf-Organisation sowie Mitarbeitern waren der Geschäftsführung nicht bewusst. Erst der Stillstand in der Buchhaltung stieß auf Aufmerksamkeit, doch der Grund für den Stillstand war nicht erkannt worden.

Die falsch aufgesetzte Programmierung der neuen ERP-Software machte die Schwächen des alten Systems erst deutlich. Organisatorische Schwächen waren akzeptiert worden, da man wohl immer eine Lösung gefunden hatte. Man durfte es! Auch hierbei zeigte sich, dass man dem Prozess folgen muss, um die Bruchstellen zu erkennen. Die Lösungen liegen dann in der Regel nahe.

End-Fazit / Empfehlung

Wenn Reports aus den verschiedenen Abteilungen gute oder auch schlechte Ergebnisse ausweisen, die GuV und Bilanz jedoch in der Summe ein abweichendes Bild ergibt, dann ist der interne Wertefluss nicht stimmig! Es sei denn, dass man ein Management Information System mit einem Reporting eingerichtet hat, das von der statuarischen Buchhaltung abweicht. Aber dann sollten Überleitungen eine Abstimmung der Ergebnisse gewährleisten können. Sind eine Überleitung und Abstimmung der Berichtsdaten nicht möglich, ist dies ein Alarmzeichen!

Es zieht sich ein roter Faden durch meine Projekte. Die Zusammenhänge und Interdependenzen von Geschäftsmodell, Prozessen, Software, Hardware, Aufbauorganisation und Mitarbeitern sind nicht immer in der Tiefe bekannt. So tut man sich dann in der Fehlersuche schwer. Mitunter heißt es sogar: „Alles ok bei uns, wir haben jetzt Software XYZ.“. Aber Software ist keine Lösung!

In der Regel sind alle heute eingesetzten Software-Programme für die Belange von „Enterprise Resource Planning“ entwickelt worden. Geschäftsprozesse werden über alle Funktionen verknüpft und die generierten Daten werden verarbeitet. Daten können in Beziehung zueinander gestellt werden und Entscheidungen vorbereitet und getroffen werden. Das ist Betriebswirtschaft! Im Grunde müssen alle Prozesse auch auf dem Papierweg ordentlich funktionieren. Wir heben die Arbeit nur auf ein technisches Niveau, die Elektronische Daten-Verarbeitung (EDV).

Treten nun Fehler auf, und es ergeben sich auf den ersten Blick keine Erklärungen dafür, müssen andere Ursachen gesucht werden. Die Abarbeitung der Prozesse in den funktionalen Silos führt oft nicht zu den wahren Ursachen. Es muss über den Tellerrand der Silos der Funktionen hinausgeguckt werden. In erster Linie ist zu prüfen, ob das Geschäftsmodell auch im

ERP in den Prozessen und Daten abgebildet wird. Sind Material-, Beleg-, und Werteflüsse parallelisiert oder gibt es Brüche?

Das heißt, man muss die Prozessketten verstehen, man muss im Sinne der gesamten Firma denken und nicht einzelne Abteilungen analysieren. Ist die Dreifaltigkeit der Materialwirtschaft – Material, Beleg und Information hängen zusammen – gewährt? Werden alle Schritte mit Wert- oder Lager-Änderungen verbucht? Man bewegt was, man bucht das! Man tut was, man bucht das! Nur auf diese Weise lässt sich die Kette der Wertschöpfung nachvollziehen.

Es hat sich in meiner Erfahrung gezeigt, dass das Denken in Datenmodellen schneller den Blick auf die wesentlichen Ursachen lenkt. Brüche des Werteflusses werden offengelegt.

Wenn ich weiß, was ich wissen will, weiß ich, welche Informationen ich dafür brauche. Wenn ich weiß, welche Informationen ich brauche, weiß ich, welche Daten dafür benötigt werden. Wenn ich weiß, welche Daten ich brauche, weiß ich, wo und wie ich diese generieren kann. In der Abfolge müssen in jedem Teilschritt alle Aufgaben abgearbeitet und die erforderlichen Daten bereitgestellt werden, sodass alle (!) nachfolgenden Abteilungen keine Fragen mehr haben. Es muss dabei auch geprüft werden, ob Daten am Ende der Prozesskette nachgepflegt werden. Die Nachpflege ist zu vermeiden, alle erforderlichen Daten sollten zum Zeitpunkt der Entstehung aufgenommen werden. Brüche sind fehlerlastig.

Ein weiterer wesentlicher Aspekt sind Stammdaten, Stammdaten und Stammdaten – seien es Kreditoren, Debitoren, Artikel mit Zeichnungen und Spezifikationen, Kostenarten, Kostenstellen und Projekte, etc. Stammdaten sind zentrale Daten, die in der Prozesskette für alle Funktionen richtig und verfügbar sein müssen. Es empfiehlt sich, eine Instanz einzurichten, die die Datenqualität hinsichtlich der Aktualität, Konsistenz, Semantik, und Vollständigkeit überwacht und sicherstellt.

Ein weiterer Aspekt, der nicht außer Acht gelassen werden darf, ist die fortschreitende Digitalisierung. Nur ein ERP, dass mit Blick auf die Belange der Digitalisierung aufgesetzt ist, kann die Grundlage dafür sein. Die Daten an definierten Datenpunkten sind die „Trigger" für Ereignisse und folgende Aktionen – intern, als auch mit Kunden, Lieferanten und staatlichen Instanzen –. Allein schon eine Business Intelligence-(BI)-Anwendung erfordert die Bereitstellung aller Daten, und zwar richtig, zeitig, vollständig und strukturiert. Ein BI ist der Datenpool für das „Center of Truth", die zentrale Datenquelle für alle.

Ein Interim Manager hat durch die Art seiner Tätigkeit Einblicke in die unterschiedlichsten Problemstellungen erhalten und auch Lösungen erarbeiten können. Viele Referenzbeispiele, auch in anderen Industrien, versetzen ihn in die Lage, die Ursachen für Fehlentwicklungen oder Missstände aufzuspüren. Die Erfahrungen mit gleicher oder ähnlicher Problemlage sind ein reicher Schatz, der sich für den Mandanten letztlich auszahlt. Ein weiterer Vorteil des Interim Manager ist zweifelsohne, dass er nicht an organisatorische „Hemmnisse" gebunden ist, nicht in die organisatorische Hierarchie eingebunden ist. Er fragt quer, „outside the box" und kommt Widersprüchen und Brüchen auf die Spur. Kurz und treffend gesagt: „Man wird dafür bezahlt, das zu sagen, wofür ein angestellter Mitarbeiter entlassen würde."

Ich habe in Projekten auch mit „Forensic Accountants" zusammenarbeiten können. Die Aussage eines „Forensischen

Buchhalter“ hat mich im weiteren beruflichen Leben immer getrieben: „You got to be nosy!“ – man muss es wissen wollen!

Dies führt mich zu meiner letzten Bemerkung zu meinem Thema „Offensichtliche Wirkung, verdeckte Ursachen“. Ein afrikanisches Sprichwort fasst es wie folgt zusammen: „Nicht wissen ist schlecht. Aber nicht wissen wollen, das ist dumm!“

Technischer Einkauf

Manfred Richter, Interim Manager und Consultant

Abstrakt

Ein technischer Einkauf ist verantwortlich für den Einkauf und die Lieferantenbasis für zeichnungsgebundene Teile und Komponenten bis hin zu Maschinen und Anlagen, die in Lasten- und Pflichtenheften spezifiziert sind.

Dieser Beitrag wendet sich branchenübergreifend an Geschäftsführer und Führungskräfte, die für den technischen Einkauf verantwortlich sind oder mit diesem zusammenarbeiten.

Darüber hinaus richtet sich dieser Beitrag an technische Einkäufer und deren Kollegen in allen Unternehmensbereichen – als Denkanstoß zur eigenen Standortbestimmung. Ich möchte Impulse geben, damit Projektteams ihre Zusammenarbeit reflektieren, Teammitglieder selbst etwas an ihrem Verhalten verändern und Vorschläge zu Veränderungen und Verbesserungen auf Prozessebene machen können.

Einleitung

Dies ist kein Bericht aus nur einem meiner Projekte, sondern hier gehen meine Erfahrungen aus vier Festanstellungen und sieben Interim-Projekten ein.

Ich habe bei meinem Berufsstart zunächst als Entwicklungsingenieur und Projektleiter in der Automatisierungstechnik gearbeitet. Nach fünf „technischen“ Berufsjahren bin ich gezielt in den technischen Einkauf versetzt worden, um die Bereiche Entwicklung und Einkauf zu vernetzen. Zusammen mit weiteren Querversetzungen wurden verkrustete Strukturen aufgebrochen und nach relativ kurzer Zeit hatten wir eine völlig neue, wesentlich produktivere Zusammenarbeit. Das hat mich nachhaltig geprägt.

Zwischenzeitlich ist der technische Einkauf meist eine gut anerkannte und vernetzte Funktion in den Unternehmen, und es gibt immer eine bereichsübergreifende Zusammenarbeit. Aber in welcher Qualität und auch auf Augenhöhe?

Sind Entwickler, technische Einkäufer, Produktion, Qualitätswesen, Logistik und Vertrieb ein echtes Projektteam? Ist der Einkauf ein eingebundener Teil im Produktentstehungsprozess (PEP)? Betrachtet das Unternehmen die Lieferantenbasis als strategischen Wettbewerbsfaktor und die „Systemlieferanten“ als Partner?

Warum der Einkauf so oft „unter Druck“ und in der Kritik ist

Alle Einkaufsorganisationen, in denen ich bisher tätig war, hatten „Druck“. Die Themen waren unterschiedlich oder eine Kombination aus:

- Preise sind immer zu hoch und sollen gesenkt werden;
- noch vor dem Preis kommt die Qualität, 0-Fehler-Anlieferqualität ist gefordert;

- Verfügbarkeit, Fehlteile darf es nicht geben; Logistikmodelle sind gefordert;

- Lagerbestände, sind immer zu hoch und sollen gesenkt werden.

Dieses Spannungsfeld gibt es prinzipiell. Speziell bei neuen Projekten oder der Entwicklung von neuen Produkten gibt es fast immer eine mehr oder weniger große Unzufriedenheit mit dem Einkauf. Aber warum ist das so?

Es fängt zu Beginn eines Projekts an: Die Entwicklungszeit für ein neues Produkt oder Projekt und weiter die Zeit bis zur zugesagten Lieferung an den Kunden ist meist von Anfang an sehr kurz. Außerdem wünscht der Kunde oft noch Änderungen, der Auslieferungstermin bleibt aber gleich. Das heißt, ein Design Freeze kommt zu spät, oder es wird dann doch noch weiter geändert: vom Kunden oder auch von den eigenen Entwicklungsmitarbeitern. Das sind Sachzwänge und Herausforderungen, um die ein Unternehmen nicht herumkommt, wenn es Aufträge bekommen will.

Bei Neuentwicklungen und im Projekteinkauf verbleibt dem Einkauf und den Lieferanten die Zeitspanne von freigegebener Zeichnung bzw. Stückliste bis zum Start of Production, um die benötigten Teile zu beschaffen. Als Ergebnis wird die Materialversorgung oft zeitlich extrem eng und der Einkauf und die Lieferanten müssen improvisieren und zu Sondermaßnahmen greifen. Viele Zukauf-Teile müssen nun zeit- und kostenaufwändig „belaufen“ werden.

Aus Zeitgründen werden Freigabemuster (hergestellt unter Serienbedingungen) und die ersten Serienteile für die Produktion zum selben frühestmöglichen Zeitpunkt bestellt. Normalerweise sollten die Serienteile erst nach der Freigabe der Freigabemuster bestellt werden. Dann sind Qualität, Verwendbarkeit in der eigenen Applikation und damit auch der Einkaufs-Preis überprüft und sichergestellt.

Bei der gleichzeitigen Bestellung von Freigabemustern und dem ersten Serienlos, zwangsläufig dann ohne bereits erteilte Freigabe, gibt es ein Restrisiko zur Verwendbarkeit der Serienteile. Dieses Risiko geht das gesamte Projektteam ein. Wenn es anschließend Qualitätsprobleme gibt und nachgearbeitet werden muss, sind immer der Lieferant und der Einkäufer unter Zeitdruck und werden zum Dank dafür oft als „Verursacher“ von Zeitverzögerungen gesehen.

Hinzu kommt, dass nach meiner Erfahrung in ca. der Hälfte der Fälle der Lieferant kein (alleiniges) Verschulden hat, weil sich zum Beispiel herausstellt, dass Toleranzen nicht angegeben waren oder geändert werden mussten. Das heißt, der Lieferant hat oft nach Spezifikation und damit in der definierten Qualität geliefert. Und wie wird das meist kommuniziert, was geht durch das Haus? Der Lieferant 0816 hat „wieder einmal“ nicht verwendbare Teile geliefert. Ich nehme an, Sie erkennen die Situation wieder? Wenn es in Ihren Projektteams tatsächlich besser läuft: Gratuliere!

Nun stellen Sie sich vor, so oder so ähnlich wie beschrieben läuft es jahrelang. Dann ist es kein Wunder, wenn Geschäftsführer und Führungskräfte im Unternehmen den Einkauf für „schlecht aufgestellt“ halten. Oft sind sich mehrere Führungskräfte dabei einig, jeweils aus ihrem Blickwinkel. Klassisch ist, dass es beim Neuanlauf mehr oder weniger Fehlteile gibt, Zielpreise nicht erreicht werden und zu allem Überfluss auch noch Qualitätsprobleme „der Lieferanten“ hinzukommen.

Originalzitat eines Geschäftsführers: „Das kann doch so nicht sein, da stimmt was nicht im Einkauf. Da müssen wir mal Druck auf den Kessel geben."

Bei Qualitätsproblemen reflexartig: „Den Lieferanten schmeißen wir raus."

So schwarz/weiß sieht man es nicht überall, oft aber ansatzweise. Ich habe es leider erleben müssen, dass gute Einkaufsleiter und Einkäufer aufgrund des beschriebenen Spannungsfeldes nach und nach immer mehr in das Schussfeld geraten sind und schließlich „ausgetauscht" wurden. Andere sind aufgrund des toxischen Umfelds lieber rechtzeitig von selbst gegangen. Das hat man meist sogar begrüßt, weil es dann „nur besser werden konnte mit dem Einkauf".

Es wurde nur selten durch neue Mitarbeiter nachhaltig besser. Und wenn, dann dadurch, dass die neuen Mitarbeiter veränderte Prozesse und ein verändertes Verhalten eingefordert haben, und sich damit durchsetzen konnten.

An dieser Stelle ein Tipp für Einkäufer oder Einkaufsleiter, die neu in einem Unternehmen starten: Die ersten Tage nicht zu forsch sein, erstmal schauen, wie die Firma, der Einkauf und die Schnittstellen ticken. Viele Fragen stellen, aber sich noch mit Einschätzungen und schnellen Aktionen zurückhalten. Nach einem, spätestens zwei Monaten können Sie sich dann positionieren und Veränderungen von Prozessen diskutieren, anstoßen oder einfordern.

Es erscheint sicherer, bis zum Ende der Probezeit zu warten. Aber dann ist es oft schon zu spät und es besteht die Gefahr, dass Sie bereits in dieselbe Tretmühle geraten sind wie zum Beispiel Ihr Vorgänger. Es wird dann immer schwieriger, verkrustete Strukturen aufzubrechen. Sie müssen also die Zeit nutzen und sich profilieren: aber nicht sich wichtigmachen, sondern im positiven Sinn ein eigenes Profil bekommen und Ihre Rolle und Standpunkte definieren und leben.

Für die Chefs der Einkäufer oder Einkaufsleiter: Reden Sie bitte mit Ihren neuen Mitarbeitern und unterstützen Sie diese im obigen Sinne. Erfahrene Interim Manager brauchen für den Start bis zur Positionierung und einem ersten Aktionsplan, der oft mit der Geschäftsführung abgestimmt wird, ca. zehn Einsatztage, also zwei Wochen.

Meilensteinverfolgung bringt Transparenz

Ich empfehle dringend eine im Projektteam abgestimmte Meilensteinplanung, um Transparenz zu schaffen. Bei der Meilensteinverfolgung wird deutlich, welche vereinbarten Meilensteine warum nicht eingehalten werden konnten. Daraus lernt das Unternehmen nach und nach, welche Zeiträume für welche Aufgaben realistisch einzuplanen sind. Außerdem muss natürlich die Summe aller Aufträge und aller Meilensteinplanungen kapazitätsmäßig zu schaffen sein.

Durch eine Meilensteinverfolgung kann außerdem fundierter mit dem Kunden diskutiert werden: Ist absehbar, dass ein vereinbarter Design Freeze vom Kunden nicht eingehalten werden kann, so kann man im Vorfeld die Auswirkungen auf Termin und Preis besprechen. Möglicherweise verändert sich dadurch das Verhalten des Kunden, und er bringt weniger und besser abgestimmte Änderungen ein.

Das Beispiel vom Staffellauf gefällt mir gut: Wenn es vier Staffelläufer gibt, die alle schnell sind, dann ist der letzte Läufer entscheidend. Er läuft in das Ziel, ist aber auf die anderen Läufer angewiesen und kann nicht alles retten, was vorher an Zeit uneinholbar verlorengegangen ist. Was würden Sie von einem Staffelläufer halten, der das Staffelholz nicht ordentlich übergibt, sondern es kurz vor oder im Wechselraum auf die Bahn wirft?

Damit meine ich sinngemäß, dass zum Meilensteintermin „eigentlich“ alles fertig ist, aber zum Beispiel Zeichnungen noch nicht freigegeben sind, Stücklisten noch nicht aktualisiert sind, Daten in SAP noch nicht gepflegt sind, und damit der Meilenstein noch nicht erreicht ist.

Sie kennen die 80:20-Regel: 80 Prozent sind relativ schnell erreicht, die letzten 20 Prozent ziehen sich fürchterlich hin und kosten richtig Zeit und Geld. Da ist es praktisch, wenn man einen Meilenstein fertigmelden kann, und dann noch nacharbeitet. Bitte immer daran denken, die Zeit fehlt dem nächsten Projektteam-Mitglied. Das bekommen Einkauf und danach die Produktion zu spüren. Dort zählen nur noch hard facts: Ist Material da oder nicht? Wurde produziert und kann geliefert werden oder nicht?

Zurück zum Staffellauf: Nun kommt noch der Kunde mit zusätzlichen Anforderungen oder Änderungswünschen ins Spiel. Der ändert „mal so eben“ die Streckenlängen der Läufer! Der Entwicklungsläufer muss eine zusätzliche Runde drehen. Da kann er sogar richtig gut und sehr schnell sein, die Strecke wird trotzdem länger. Der Einkaufsläufer läuft später los und hat auch eine zusätzliche Strecke zu laufen. Die erwartete Zielzeit bleibt gleich: sprich der Lieferzeitpunkt bei Anlagen oder der Start of Production bei seriennahen Produkten.

Der Vorteil im Projektteam gegenüber dem Beispiel Staffellauf ist, dass im Projektteam viel parallel gearbeitet werden kann und das Projektteam jeden Läufer „bei seinem Lauf“ aktiv unterstützen kann. Dazu müssen aber jeweils die persönliche Einstellung der Projektteammitglieder und darüber hinaus die Firmenkultur passen. In vielen Jahren habe ich die volle Bandbreite des Möglichen erlebt:

Lange her: Eine ernst gemeinte Diskussion über Bring- und Holschuld. Die Entwicklung sei doch nicht der Dienstleister des Einkaufs und habe keine Bringschuld. Der Einkauf müsse sich holen, was er für seine Aufgabe brauche. Und bekomme dann alles Benötigte, was er aber dann bitte selbst in SAP einzupflegen hätte. Das sei nicht die Aufgabe eines Entwicklers. Der Einkauf hatte im Projekt den Status „Supportfunktion“. Das hat mich zu dem Beispiel Staffellauf inspiriert. Dort käme niemand auf die Idee, so eine Diskussion anzustoßen.

Im übrigen gefällt es mir überhaupt nicht, eine Teammitgliedsfunktion (egal welche) als Supportfunktion zu bezeichnen. Das impliziert, dass es Hauptfunktionen und Supportfunktionen gibt. Letztere werden untergeordnet oder nachgeordnet betrachtet und behandelt. So funktioniert kein echtes Team, das kann nie eine vernetzte Zusammenarbeit auf Augenhöhe geben.

Ich habe auch Teams erlebt, in denen sich wirklich jedes Teammitglied für das gesamte Projekt verantwortlich gefühlt, mitgedacht und aus eigenem Antrieb mitgeholfen hat. Das ist eine Frage der inneren Einstellung und letztendlich auch der Firmenkultur.

Ganz entscheidend ist dabei die Funktion des Projektleiters, der eine Vorbildfunktion hat, das Projektteam führt und moderiert und für die Meilensteindefinition und die Projektberichterstattung verantwortlich ist.

Heute gibt es meist Projektmanagement-Offices (PMO), die eigenständig organisiert sind und im günstigsten Fall direkt an die Geschäftsführung berichten. Dies ist eine gute Grundlage für einheitliche Projektmanagement-Tools und „neutrale“ Berichterstattungen.

Eins ist mir wichtig klarzustellen: Es wird immer aus den unterschiedlichsten Gründen Zielkonflikte, Fehlteile und Zeitdruck in Projekten geben. In angemessenen Maße muss das Projektteam mitsamt Einkäufer „da durch“, und es müssen geschickte Problemlösungen gesucht und gefunden werden. Wer das nicht kann oder nicht will, ist falsch im technischen Einkauf. Trouble Shooting wird immer ein Teil der Arbeit sein.

Folgendes Beispiel ist sicherlich hilfreich für eine Lageeinschätzung:

- Es „brennt“ in den Projekten.
- Eine gute Feuerwehr ist zu diesem Zeitpunkt Gold wert. Die Ursachen für die Brände spielen in dieser Situation überhaupt keine Rolle, es muss sofort effizient gelöscht werden, der Schaden muss begrenzt werden.
- Auf Dauer muss die Feuerwehr geschult, besser ausgerüstet, erweitert oder sogar ausgetauscht werden, und es müssen systematische Gründe für die Brände gefunden und abgestellt werden.

Bereichsübergreifende Zusammenarbeit

Schlüssel für gute Preise

Einiges zum Thema bereichsübergreifende Zusammenarbeit habe ich bereits beschrieben. Das Thema ist mir so wichtig, dass es ein eigenes Kapitel mit weiteren Blickwinkeln erhält.

Der technische Einkauf hat nicht „nur" die Aufgabe, Teile in einer definierten Qualität pünktlich zu beschaffen. Ein ganz wesentlicher Punkt sind Einkaufspreise, die für den Geschäftserfolg einer Firma äußerst wichtig sind. Dazu muss der technische Einkauf früh in den Produkt-Entstehungs-Prozess eingebunden sein. Die Entwicklung bestimmt bei komplexen Artikeln mit dem technischen Design, Materialvorgaben, der Auslegung und den Toleranzen letztendlich den Einkaufspreis. Es bringt viel, bereits während der Entwicklung mit Lieferanten die entstehenden Spezifikationen zu diskutieren. Dann erhält das Projekt Feedback des oder der Lieferanten über Machbarkeit und Kosten bereits in der Entwicklungsphase. Ein Design to Cost ist möglich.

Das geht allerdings nur im Rahmen einer bereichsübergreifenden Zusammenarbeit, die mindestens einen Lieferanten umfasst. Das Thema setzt sich fort, wenn Artikel sowohl fremd- als auch eigengefertigt werden können. Nun kommt der Bereich Produktion mit ins Boot, es steht eine make-or-buy-Entscheidung an. Einkaufs-Preise hängen außerdem von Fertigungslosgrößen, Anlieferlosgrößen und Jahresstückzahlen ab. Dazu werden Vertrieb und Logistik benötigt. Bei Qualität, Verfügbarkeit und Einkaufspreis findet sich ein Optimum nur in einer guten bereichsübergreifenden Zusammenarbeit.

Ich habe einmal sogar massive Diskussionen zu einem optischen Design eines Metallgussteils gehabt. Es war ein wirklich sehr formschönes Design, das auch einen echten Wettbewerbsvorteil geboten hat. Außerdem waren für den Designer und auch für den Kunden „red dot design awards“ sehr wichtig. Das Problem war indes, dass dieses Design nicht prozesssicher zu fertigen war. Das war dem (externen) Designer zunächst egal. Das bekannte Thema: Der Einkauf soll einkaufen, den richtigen Lieferanten finden und fertig. Wo kommen wir denn hin, wenn der Einkauf jetzt auch noch beim optischen Design mitreden will?

Für Fachleute: Die sich aus dem optischen Design ergebenden Wandstärken und Biegungen des Gussteils waren das Problem. Gefordert war eine hohe Zugfestigkeit, das Teil war dafür sehr schmal. In einer Biegung konnten sich Lunker (kleine Luftblasen) bilden, dann ist das Teil bei Belastung gebrochen. Ich habe versucht klarzustellen, dass ein Industriedesign etwas anderes ist als ein „Kunstdesign“. Beim Kunstdesign müssen keine technischen Vorgaben prozesssicher erreicht werden und dort geht es auch nicht um sicherheitsrelevante Aspekte.

Entwicklungswettbewerbe mit Lieferanten

Das ist eine ganz besondere Disziplin: Die Eigenschaften eines Produktes werden in einem Lastenheft beschrieben und Lieferanten bieten dazu eigene Ideen und Produkte an. Diese kommen zu einem Teil aus der Entwicklung und Fertigung der Lieferanten, wo das prinzipielle Know-how für das Produkt meist bereits vorhanden ist und auf Grundlage bestehender Produkt-Plattformen mit relativ kleinen Änderungen realisiert werden kann.

Ein Beispiel: Es ging um eine komplexe Neuentwicklung versus einer vielleicht möglichen Lösung mit dem Einsatz eines existierenden Magnetventils. Beides erschien aussichtslos. Die komplexe Neuentwicklung würde technisch funktionieren, aber der Zeitrahmen und der Zielpreis waren aus Projektsicht nicht zu erreichen. Die Lösung mit einem existierenden Magnetventil war vom Prinzip her bestechend einfach und preiswert. Aber es war nicht sicher, ob die Funktion gemäß Lastenheft erfüllt werden konnte und es gab Probleme mit der Elektronik: zwar machbar, aber durch hohe Temperatur wurden teure Elektronikbausteine erforderlich.

Beide Lieferanten entwickelten parallel an ihren Konzepten. Für die eigene Entwicklung bedeutete das einen hohen Betreuungsaufwand, um zwei Lieferanten anstehende Fragen zu beantworten und Testaufbauten mit Mustern laufen zu lassen. Bei der komplexen Neuentwicklung bewahrheitete es sich, dass diese nicht wirtschaftlich machbar war. Außerdem hätte es eine Abhängigkeit von werkzeuggebundenen Bauteilen des Lieferanten gegeben. Die Entwicklung wurde eingestellt, dieser Projektzweig beendet.

Die preiswerte Lösung hingegen entwickelte sich wider Erwarten durch einen enormen Einsatz des Lieferanten und der eigenen Entwicklung. Beide wollten diese Lösung unbedingt ins Ziel bringen. Die Funktionen gemäß Lastenheftes wurden mehr und mehr erfüllt. Es verblieb das Thema „zu hohe Temperatur" für die Elektronik. Das hat schließlich die eigene Entwicklung gelöst, indem eine neue Elektronik-Schnittstelle getestet wurde, bei der die komplette Elektronik nicht mehr im Bereich der hohen Temperatur untergebracht werden musste.

Ergebnis: Das bestechend einfache Produkt wurde realisiert und es war ein Erfolg. Aufgebaut aus bestehenden Standardkomponenten ohne Abhängigkeit von einer single source. Das zeigt, was machbar ist, wenn man das Know-how der Lieferanten nutzt.

Bei meinem zweiten Beispiel ging es um eine komplexe, kundenspezifische Anlage, die eine Million Euro kosten sollte. Das Geld für diese Investition stand aber nicht zur Verfügung. Ein Kredit- oder ein Leasingvertrag konnte wegen der wirtschaftlichen Lage nicht abgeschlossen werden. Die Anlage musste trotzdem unbedingt angeschafft werden, da sie für ein vertraglich bereits zugesagtes Projekt zwingend erforderlich war. Aufgabe an den Einkauf: Die Anlage trotzdem beschaffen. Hierbei ging es nicht nur um den Preis, sondern um die Lösung der Finanzierung mit „flexiblen Zahlungsmodalitäten".

Bei der Diskussion mit der Entwicklung und Geschäftsleitung stellte sich heraus, dass es eine ähnliche Anlage von einem Lieferanten bereits in der Firma gab. Allerdings eine viel einfachere Anlage als angedacht und nur mit der halben Ausbringung. Dafür aber auch exakt zum halben Preis. Da die Taktzeit der Anlage zu niedrig war, schien diese Variante auszuscheiden.

Also wurde auch in diesem Fall parallel mit beiden Lieferanten geredet und nach Lösungen gesucht. Der „größere" Lieferant für die komplexere Anlage, eine AG, war sehr unbeweglich. Das Konzept der Anlage stand fest, technisch „abspecken" ging nicht oder wollte man nicht. Preislich war gar nichts zu machen und an flexible Zahlungsmodalitäten war überhaupt nicht zu denken. Eine AG hat ein striktes Risikomanagement.

Der Inhaber und Geschäftsführer des „kleineren" Lieferanten hatte ganz andere Freiheitsgrade und kam kurzfristig in die Firma, um das Thema mit Entwicklung und Einkauf persönlich zu besprechen. An der halben Ausbringung konnte nicht gedreht werden. Für eine schnellere Taktzeit gab es noch während des Besuchs die ersten Ideen.

Der Kaufpreis konnte zwar nicht gesenkt werden, aber es wurde eine pragmatische Lösung für die Bezahlung gefunden: Zu jedem Meilenstein wurde eine Rechnung im Voraus fällig, und es wurde erst weitergebaut, wenn die Zahlung beim Lieferanten eingegangen war.

Parallel bin ich mit dem Vertrieb die Anlaufkurve des Produktes durchgegangen und wollte wissen, wann genau welche Ausbringungsmenge für das Kundenprojekt benötigt wird. Und siehe da, der Serienanlauf war zwei Jahre entfernt. Erst weitere zwei Jahre nach Serienanlauf würde gemäß Forecast die kleine Maschine nicht mehr ausreichen.

Also wurde ein Kaufvertrag für die kleine Maschine abgeschlossen. Bereits mit einer Option, eine zweite Maschine zu kaufen. In diese Maschine sollte die Erfahrung aus der Laufzeit der ersten Maschine einfließen.

Dem Kunden konnten somit pünktlich wie vereinbart Freigabemuster aus der ersten Maschine unter Serienbedingungen zur Verfügung gestellt werden. Der Kunde wurde informiert, dass eine kleinere Maschine angeschafft wurde, die jeweils tatsächlich benötigte Ausbringung und damit die Versorgung aber gesichert ist. Sowie sich abzeichnet, dass die Forecast-Mengen tatsächlich real werden, wird die zweite Maschine mit entsprechendem Vorlauf in Auftrag gegeben. Die Versorgungssicherheit ist bei zwei voneinander unabhängig laufenden Anlagen sogar höher als bei einer großen Anlage.

Gruppeneinkauf: dezentral, zentral oder Netzwerk?

Wenn eine Firma an mehreren Standorten tätig ist, stellt sich die Frage, wie der Einkauf der „Firmengruppe“ über mehrere Standorte organisiert wird.

Viele denken dabei an einen klassischen Zentraleinkauf. Klar, in der Firmenzentrale werden Bedarfe gebündelt und so bekommt man die besten Preise. Wirklich und in allen Fällen? Ich stimme sofort zu, wenn die Entwicklung sich auch zentral in der Firmenzentrale befindet. Wenn die anderen Standorte also reine Produktionsstandorte sind.

Wie sieht es aber aus, wenn verschiedene Werke nicht nur produzieren, sondern „Kompetenz-Zentren“ sind? Also eine eigene Entwicklung und eigene Produkte haben, die jeweils nur in einem Werk der Firmengruppe hergestellt werden. Wenn Werke über eine eigene Entwicklungsabteilung verfügen, machen aus meiner Sicht technische Einkäufer im Projektteam und im Produkt-Entstehungs-Prozess im Werk vor Ort Sinn. Das gilt umso mehr, je mehr einzukaufende Artikel nur in diesem einen Werk benötigt werden.

Wenn es in mehreren Werken jeweils Einkäufer gibt, sind diese zunächst „dezentrale Einkäufer“. Im positiven Sinn, da die Einkäufer vor Ort genau wissen, welche Anforderungen es an Lieferanten, Logistik und einzukaufende Teile in „ihrer“ Produktion gibt.

Dezentral heißt nicht automatisch, dass jeder Werkseinkauf macht, was er will und jeder Werkseinkauf seine „eigene“ Lieferantenbasis aufbaut und betreibt.

Es kann auch einen Mix geben:

- alle ausschließlich lokalen Bedarfe werden dezentral eingekauft;
- alle bündelbaren Bedarfe laufen in irgendeiner Form über eine „zentrale Einkaufsstruktur".

Damit entwickelt sich eine Matrixorganisation über mehrere Standorte. Zentrale Themen sind:

- übergeordnete Einkaufsrichtlinien, Einkaufsstrategie, Code of Conduct;
- allgemeine Einkaufsbedingungen:
- Liefer- und Logistikvereinbarungen, Einkaufsrahmenverträge als Templates;
- Einkaufsberichterstattung über alle Standorte, Übersicht über alle Projekte;
- Jahreszielvereinbarungen für Einkaufsleiter und Lead Buyer;
- Einkaufswerkzeuge aussuchen und einführen, zum Beispiel:
    - Auswertetools zum spend management;
    - C-Teil Management, ob und welche Dienstleister werden eingesetzt?
    - Ausschreibungsplattformen für Ausschreibungen und Auktionen;
    - Bestelltool(s) für Nicht-Produktions-Material.

Einkaufsnetzwerk mit Lead Buyern

In der Konstellation „mehrere Werke mit jeweils eigener Entwicklungsabteilung“ bin ich seit vielen Jahren von Einkaufsnetzwerken überzeugt. Das gilt erst recht, wenn es mehrere internationale Werke auf mehreren Kontinenten sind.

Ein Einkaufsnetzwerk hat einen zentralen Kern, zum Beispiel ein „Excellence Center“. Dort laufen alle Fäden zusammen und wie beschrieben werden zentrale Richtlinien, Templates und die Form von Lieferantenverträgen und Berichterstattungen definiert und gruppenweit einheitlich vorgegeben. Die Einkaufsziele, die jeweiligen Einkaufsprojekte und die Lieferantenbasis werden mit dem Leiter des Einkaufsnetzwerkes abgestimmt: meist einem Vice President Procurement oder einem CPO (Chief Procurement Officer) mit den entsprechenden Befugnissen für einen Gruppeneinkauf.

Es ist sehr wichtig, dass Aufgaben, Verantwortung und Zuständigkeiten des VP Procurement oder CPO klar abgestimmt und in Prozessen beschrieben sind, damit die Matrixstruktur funktionieren kann und es keine Konflikte mit den Geschäftsführern der Standorte bzw. den Leitern von Business Units gibt. Die einzelnen Standorte handeln eigenverantwortlich im Rahmen der übergeordneten Richtlinien, Vorgaben und Ziele.

Es bietet sich die Ernennung von Lead Buyern, jeweils für bestimmte Materialgebiete, an. Der jeweilige Lead Buyer soll aus meiner Sicht nicht automatisch in der Firmenzentrale sitzen, er kann dezentral in einem der Standorte sein – immer dort, wo der höchste Bedarf der Firmengruppe an diesen Artikeln liegt. In international tätigen Firmen kann es sein, dass bestimmte Artikel „local for local“ als „Handelsware“ gekauft werden müssen, um Akzeptanz für die Artikel auf dem Zielmarkt zu haben.

Dies kann durchaus der lokale Einkauf erledigen, wobei die Zukäufe und die Lieferanten mit dem Excellence Center abzustimmen sind. Nachfolgend ein Beispiel als Grafik dargestellt:

Diese Organisation wertet den jeweiligen Standorteinkauf und seine(n) Lead Buyer auf. Alle Einkäufer der Firmengruppe verstehen sich als ein global vernetztes Team und optimieren jeweils ihren Einkauf und damit gleichzeitig den Gruppeneinkauf. Gute Erfahrung habe ich mit jährlichen „Global Procurement Meetings" gemacht: Mindestens die Einkaufsleiter aller Standorte und die Lead Buyer nehmen teil. Jedes Jahr wechselt das Treffen zu einem der Standorte. Dort nehmen zusätzlich die lokalen Einkäufer ohne „Lead Buyer Funktion" teil.

Einschub: Agiler Einkauf und agiles Projektmanagement

Ein Fallbeispiel aus der Praxis

Eine Anlage war mit engem Zeitplan von einem Kunden bestellt worden. Zunächst musste noch entwickelt und projektiert werden, bevor der Einkauf per SAP konkrete Bestellanforderungen mit technischen Zeichnungen, Bestellmengen und Lieferterminen bekam. Aufgrund der Covid-Situation gab es zu dieser Zeit massive Material- und Lieferengpässe bei den Lieferanten, die zu deutlich längeren Lieferzeiten führten. Natürlich passte das terminlich überhaupt nicht zusammen. Die Termine in den Auftragsbestätigungen der Lieferanten waren eine Katastrophe und oft mehrere Wochen von den benötigten Lieferterminen entfernt.

Sehr erfreulich war in diesem Projekt, dass der Projektleitung, dem Projektteam und der Geschäftsführung die schwierige Situation klar war und der Einkauf positiv unterstützt und nicht massiv unter Druck gesetzt wurde. Trotzdem war der Einkauf durch die Einkaufsmarktsituation und die Menge der Terminabweichungen sehr stark gefordert und hat alles darangesetzt, den Liefertermin zu halten.

Die normale Bestell-Abwicklung über SAP zeigt Lieferterminprobleme auf. Dann kann man mittels einer „Fehlteilliste" üblicherweise zum Beispiel 20 Fehlteile „jagen": Termine bei Lieferanten vorziehen oder, wenn nicht möglich, Bestellungen stornieren und neu platzieren. Das ist Tagesgeschäft im Einkauf. Was aber tun bei über 200 Fehlteilen, die einen schlichtweg erschlagen? Dazu wurde eine neue Arbeitsweise entwickelt:

Erster Schritt: Die Daten aus SAP in eine Excel-Tabelle bringen und sortieren. Wir wussten schon vorher, dass wir mit der Summe unserer Aufträge einzelne Lieferanten von ihrer Fertigungskapazität her „überfahren". Jetzt wurde das auf Artikelebene und auf Lieferantenebene sichtbar und greifbar.

Wir haben einen bereits freigegebenen Lieferanten „aus dem Stand hochgefahren". Ein weiterer Lieferant wurde neu eröffnet und ebenfalls sofort hochgefahren. Ein Online-Portal mit einem internationalen Lieferantenpool im Hintergrund wurde stark genutzt. Ein eigenes Werk wurde beauftragt, welches normalerweise ausschließlich für einen Auslandsmarkt lokal produziert hat. So wurden die Fehlteile kurzfristig auf mehr Lieferanten verteilt. Ausschlaggebend für eine Auftragsvergabe war, ob der Lieferant Material und Fertigungskapazität zur Verfügung hatte.

Der Einkauf kann solche Sondermaßnahmen planen, aber nicht allein durchführen. Das Projektteam muss das mittragen und unterstützen. Kurzfristig auf neue oder andere Lieferanten zugreifen ist zum Beispiel ein Thema, das mit dem Qualitätsmanagement abgestimmt sein muss. Erstmuster können nicht „in Ruhe" vor den Serienlieferungen bemustert und freigegeben werden. Die Erstmuster kommen mit der Erstlieferung. Das geht nicht immer problemlos, es kann Abweichungen und notwendige Nacharbeiten geben. Das muss dem Projektteam vorher klar sein.

Das gesamte Projektteam kam nun in einen „agilen Modus", indem Maßnahmen vorgeschlagen, abgestimmt und schnell umgesetzt wurden. Jede Maßnahme war in diesem Sinne ein „Sprint". Aus der Excel-Tabelle mit den 200 Fehlteilen wurde eine Kuchengrafik erzeugt. So war mit einem Blick die Fehlteilsituation zu sehen:

- grün: Auftragsbestätigung mit passendem Liefertermin liegt vor:

- gelb: noch keine Auftragsbestätigung, der Artikel ist aber beim richtigen Lieferanten bestellt. Dieser versucht, den benötigten Termin möglich zu machen, zum Beispiel klärt er gerade die Vormaterialbeschaffung und kann daher noch keine verbindliche Auftragsbestätigung senden;

- rot: der Artikel ist noch nicht platziert oder der Liefertermin ist zu spät, es gibt noch keine tragfähige Lösung.

Wir haben die Kuchengrafik täglich aktualisiert. Der grüne Bereich wurde erfreulich schnell größer. Wenn man erstmal einen Plan mit Struktur und Ziel hat, kommt man auch voran.

Bei den letzten Fehlteilen wurde es allerdings wirklich schwer. Hierbei kamen wir in den Bereich „just in time"-Lieferungen, also Lieferungen direkt an die Fertigungslinie. Es gab eine Feinabstimmung mit der Produktion, wann genau welche Artikel spätestens laut Produktionsplan eintreffen müssen. Mit diesen Informationen konnten wir Aufträge bei unseren Lieferanten priorisieren. Wir haben mittels Prioritätenliste mit der Fertigungskapazität der Lieferanten „jongliert". Mit dem Qualitätsmanagement war abgestimmt, welche Artikel vor dem Verbauen noch geprüft werden sollen und welche Artikel vom Wareneingang direkt an das Band durften.

Außerdem benötigten wir einige Lösungen und Entscheidungen in Zusammenarbeit mit der Entwicklung:

- Freigabe von Edelstahlteilen anstelle von beschichteten oder verzinkten Teilen;

- Freigabe von unbeschichteten oder nicht verzinkten Teilen, die später an der Anlage ausgetauscht werden konnten;
- Toleranz-Aufweitungen;
- Verwendung von alternativen Werkstoffen und Zukaufartikeln;
- Pragmatische Lösungen, wenn zum Beispiel Spezialstecker nicht schnell genug zu bekommen waren. Dann wurden stattdessen Komponenten in einem Anschlusskasten verdrahtet.

Bei den letzten Fehlteilen kamen außerdem noch technische Änderungen aus der eigenen Entwicklung und Änderungswünsche des Kunden hinzu, die kurzfristig einfließen mussten. Das funktioniert wiederum nur durch tägliche Abstimmung, Aufgabenverteilungen und Sprints. Am Schluss waren das gesamte Projektteam mitsamt der erweiterten Lieferantenbasis ein gut eingespieltes Team.

Lieferantenbasis als strategischer Wettbewerbsvorteil

Eine passende Lieferantenbasis stellt die Qualität, Verfügbarkeit und den Preis der Zukaufteile, Komponenten oder ganzer Anlagen sicher. Ein technischer (und strategischer) Einkauf baut diese Lieferantenbasis gezielt auf und entwickelt diese. Beispielsweise muss die Firmengröße des Lieferanten zum Einkaufsvolumen passen, das dort platziert werden soll.

Ein strategischer Wettbewerbsvorteil kann durch flexible und schnelle Lieferanten, also durch kurze Lieferzeit und Logistikmodelle (Kanban, Abrufkontrakte, Sicherheitsbevorratung) erreicht werden. Ebenso dazu gehören Systempartnerschaften, Verbesserungsvorschläge noch während der Entwicklung und schließlich Entwicklungs- und Konzeptwettbewerbe.

Mit der passenden Lieferantenbasis und dem Vertragswesen dazu sind neue Produkte schneller am Markt. Lieferzeiten von bestehenden Produkten sind kürzer, Mengenerhöhungen bzw. neue Aufträge lassen sich schneller realisieren – das Ganze bei optimierten Preisen.

Ich finde es sehr erstaunlich, dass auch heute noch die Lieferantenbasis in Unternehmen meist kaum ein Thema ist. Aktuell haben wir eine Ausnahme wegen der Abhängigkeit von China und den bekannten Versorgungsengpässen. Es werden wieder mehr europäische Lieferanten genutzt und Komponenten von chinesischen Lieferanten werden oft nach Europa „zurückgeholt". Mir geht es hier viel weitergehend prinzipiell um die strategische Ausrichtung der gesamten Lieferantenbasis. Je nach Wertschöpfungstiefe sind die Lieferanten genauso wie die Organisation und Ausrichtung der eigenen Produktion eine wichtige Komponente des Unternehmenserfolges. Wo schlägt sich das in Ihrer Firma nieder?

Auch bei diesem Thema habe ich die volle Bandbreite des Möglichen erlebt:

Das positivste Beispiel: Die vorher an einem eigenen Standort sitzende Entwicklung wurde am produzierenden Standort integriert. Man wollte die Entwicklung am Produktionsstandort platzieren, um die Arbeit in den Projektteams zu verbessern und um mehr design-to-manufacturing und design-to-cost in einem schwierigen Markt zu verwirklichen. Zur Einweihung der neuen Entwicklungsetage gab es eine Besichtigung und

Feierstunde; die wichtigsten Kunden und Lieferanten waren eingeladen. Sogar die Ministerpräsidentin des Bundeslandes war anwesend.

Sehr negativ finde ich es, wenn die Geschäftsführung die wichtigsten Lieferanten nicht oder so gut wie nicht kennt und auch nicht auf die Idee kommt, diese von Zeit zu Zeit zu besuchen.

Schon länger her: Die Idee eines Geschäftsführers, in China einzukaufen, ohne dass der Einkaufsleiter die Lieferanten in China besucht. Ernsthafte Vorgabe: 50 Prozent Einsparung ohne teure Dienstreisen und ohne Lieferantenentwicklung. Maximal ein Besuch eines Einkäufers beim Vertragsabschluss. Das Ganze bei 100 Prozent sichergestellter Qualität und Liefertreue. Entschuldigung, das ist einfach Unsinn.

Die chinesische Kultur macht das nochmals schwieriger: Nur persönliche Kontakte schaffen echte Verbindlichkeit, Verträge auf Papier sind in China zweitrangig. Verhandlungen und Zusagen bei einem Essen haben Verbindlichkeit. Schwierig wird es, wenn ein Verhandlungspartner eine neue Funktion übernimmt. Dann muss man die erreichten Regelungen persönlich mit dem neuen Geschäftspartner durchsprechen und absichern.

Einkaufs-Ausrichtung und Unternehmensstrategie

Mit diesem Punkt sorge ich immer für Verwunderung. Was soll denn da groß ausgerichtet werden? Was hat der Einkauf mit der Unternehmens-Strategie zu tun? Die sollen einkaufen und fertig!

Gegenfrage: Kann ein strategischer Einkauf eine eigenständige, losgelöste Strategie haben, die nichts mit der Unternehmensstrategie zu tun hat?

Aus meiner Sicht nur begrenzt. Beispielsweise kann der Einkauf selbst entscheiden, welche Lieferanten aktiv liefern und welche passiven Second Sources im Hintergrund vorgehalten werden. Wie sieht es mit dem Thema Wertschöpfungstiefe aus? Make-or-buy-Entscheidungen? Wie werden diese vorbereitet und getroffen? Sucht sich die Produktion aus, was sie fertigen möchte, und gibt alles andere großzügig zu treuen Händen in den Einkauf? Oder gibt es Regeln, wie die eigene Produktion und die Lieferanten im Wettbewerb stehen und wie das Optimum gefunden werden kann? Gibt es prinzipielle Vorgaben der Unternehmensstrategie, welche Komponenten zum Schutz des Know-hows nicht ausgeschrieben oder nicht vergeben werden dürfen? Oder nur an besonders ausgewählte Systempartner?

Weniger schön ist es, wenn einzelne Abteilungen Anforderungen und Konzepte zur „eigenen Optimierung“ an den Einkauf stellen. „Sehr gut ausgedacht“ fand ich ein Konzept der Produktion namens „atmende Fertigung“. Klingt gut und klingt nach Leistung der Fertigung. Gemeint war, dass die eigene Fertigung möglichst konstant und möglichst mit großen Losgrößen und wenig Rüstzeiten effizient durcharbeiten kann. Weniger lukrative Fertigungsaufträge mit höheren Rüstzeiten und kleinen Stückzahlen „darf“ dann der Einkauf zukaufen. Aber auch das nur, wenn die Kapazität der Fertigung ausgelastet ist.

Das kann durchaus Sinn machen, wenn es unter dem Strich die beste Möglichkeit für das Unternehmen ist und das Controlling das entsprechend belegen kann. Ach ja, der Name sollte dann aber bitte „atmende Lieferantenbasis“ heißen.

Zwei weitere Beispiele:

Abends, 18 Uhr, ich bin in meinem Büro. Ein neuer Fertigungsleiter war gerade durch „seine“ CNC-Fertigung zu seinem Auto gegangen und musste auf dem Weg Licht in der Fertigung anmachen. Ca. 20 teure CNC-Maschinen standen dort.

Der Fertigungsleiter rief mich noch aus dem Auto heraus an und wollte von mir wissen, für wieviel Millionen Euro CNC-Teile eingekauft werden und warum die teuren CNC-Maschinen nur einschichtig betrieben werden. So bezahle man doppelt: die Abschreibung der Maschinen umgelegt auf nur eine Schicht und die Teilepreise der Lieferanten mit deren Maschinenkosten. Da hatte er Recht. Es wurde eine neue Richtlinie für make-or-buy-Entscheidungen entworfen und ein eigener Operations-Controller „installiert“.

Und die andere Erfahrungs-Seite:

Die Fertigung hat sich selbst Komponenten aus neuen Entwicklungsstücklisten ausgesucht und selbst ohne jede Abstimmung entschieden, dass diese eigengefertigt werden. Dann stellte sich heraus, dass Toleranzen nur schwer und kostenintensiv einzuhalten sind und viel zu viel Ausschuss entsteht. Das gefährdete die Kennzahlen der Produktion. Die Komponenten wurden „über Nacht“ von der Fertigung ohne jede Abstimmung auf Fremdbeschaffung umgestellt und das Problem war für die Fertigung gelöst.

Wie soll man mit Kollegen, die so etwas fertigbringen, in Zukunft vertrauensvoll in Projektteams zusammenarbeiten? In solchen Fällen bauen sich Fronten auf, die durch Regelungen für make-or-buy-Entscheidungen leicht vermieden werden können.

Zur Zusammenarbeit mit der Entwicklung: Sollen in ausgewählten Projekten gezielte Entwicklungswettbewerbe stattfinden? Gehen Know-how und Ideen der Lieferanten in den Produktentstehungsprozess ein?

Bei einer Unternehmensstrategie denken viele zuerst an den Vertrieb. Wenn man aber zum Beispiel einen strategischen Wettbewerbsvorteil durch kürzere Lieferzeiten als der Wettbewerb erreichen möchte, dann muss das Vertragswesen im Einkauf dazu passen. Einkaufsrahmenverträge, Sicherheitsbevorratungen bei Lieferanten und eigene Sicherheitslager bzw. Bestände müssen an der Unternehmensstrategie ausgerichtet werden. Dann können Logistik und Einkauf mit den Lieferanten an einem Optimum arbeiten.

Hierzu habe ich ein unglaubliches Beispiel erlebt, bei dem Einkauf und Logistik organisatorisch in zwei getrennten „Bereichen" zu Hause waren. Die Logistik hat es trotz zunehmenden Materialengpässen und schwierigem Einkaufsmarkt geschafft, einen „historischen Tiefststand beim Bestandswert" zu erreichen.

Bestellungen wurden einfach kurzfristiger mit kleineren Losgrößen disponiert und ausgelöst und Sicherheitsbestände in SAP wurden zusätzlich ohne Abstimmung mit dem Einkauf gesenkt. Eine fantastische Leistung! Eine Kennzahl des eigenen Bereichs auf Kosten von weiteren Kennzahlen anderer Bereiche zu verbessern ist für mich eine Verschlimmbesserung. Sie können sich sicher vorstellen, welchen Druck es im Einkauf und bei den Lieferanten gab, und wie die Stimmung zwischen den Bereichen war.

Anforderungen an technische Einkäufer

Da der technische Einkäufer kein Ausbildungsberuf oder auswählbarer Studienschwerpunkt ist, findet man die unterschiedlichsten Menschen mit den unterschiedlichsten Ausbildungen und Erfahrungs-Hintergründen im technischen Einkauf. Und das ist gut so, weil sich diese im Team ergänzen.

- Natürlich kommen viele technische Einkäufer aus dem technischen Bereich. Dann müssen diese zwingend Interesse an Betriebswirtschaft und ein kaufmännisches Verständnis besitzen.

- Genauso oft kommen Kaufleute in den technischen Einkauf, die dazu zwingend ein Interesse an Technik und ein gutes technisches Verständnis aufweisen müssen.

In der Praxis kenne ich es nur so, dass Neue sehr kollegial unterstützt werden und sich schnell hereinfinden. Von der Persönlichkeit her passen vielseitig interessierte und offene Menschen. Dies vor allem, wenn international eingekauft wird und das Thema „andere Kulturen und andere Wirtschaftsräume“ hinzukommt. Wichtig sind ein verbindliches Auftreten und ein gewisses Organisationstalent. Ohne Englisch geht nichts. In den meisten Firmen reicht aber ein „einfaches“ Englisch. In größeren Konzernen und in Führungspositionen steigen die Ansprüche. Das „bereichsübergreifende“ Arbeiten habe ich öfter thematisiert. Das muss einem technischen Einkäufer Spaß machen und der „natürliche Arbeitsstil“ sein. Das lässt sich nicht verordnen oder per Lehrgang schulen.

Wenn man es bis hierhin geschafft hat, fehlt noch eine hohe Stressfestigkeit für fast aussichtslose Fehlteilsituationen und eine hohe Frustrationstoleranz. Heute beschreibt man das mit

Resilienz. Ein technischer Einkäufer muss sich immer wieder selbst motivieren können: Nach jedem Rückschlag aufstehen, schütteln und neue Lösungsansätze suchen. Natürlich können alle Geschlechter diese Kriterien erfüllen. Ein Mix in den Einkaufsabteilungen hilft auch hier sehr, um den Einkauf vielseitiger zu machen. Und was bietet der technische Einkauf dafür? Aus meiner Sicht einen sehr interessanten und vielseitigen Beruf mit unendlich vielen Möglichkeiten. Ich wollte ursprünglich für ca. zwei Jahre in den technischen Einkauf gehen, als „Zusatzqualifikation“. Es wurden zunächst fünf Jahre mit einer ersten internationalen Komponente, Einkauf in China ab 1996. Da gab es übrigens auf chinesischen Flughäfen noch keine Ansagen auf Englisch und ausschließlich chinesische Schriftzeichen. Man war also (chinesischer) Analphabet. Taxifahrer konnten kein Englisch. Man hat sich bei der Reisevorbereitung Visitenkarten von Firmen und Hotels besorgt, das funktionierte einwandfrei. Es folgten mehrere Führungsfunktionen, seit 2016 bin ich Interim Manager mit Schwerpunkt technischer Einkauf.

Man hat es meist mit vielen Materialgebieten und damit auch mit vielen, verschiedenen Lieferanten und Menschen zu tun. Nicht zu vergessen ist auch die innerbetriebliche „Drehscheibenfunktion“ mit einer bereichsübergreifenden Zusammenarbeit in den Projektteams. Es gibt immer wieder neue Herausforderungen, an und mit denen man wachsen und Erfahrungen sammeln kann. Die Mitarbeit in Einkaufsnetzwerken (und später deren Gestaltung) macht mir dabei immer wieder besonders viel Spaß.

Fazit, Benchmark technischer Einkauf

Sie machen sich Gedanken über die Leistungsfähigkeit und Ausrichtung des technischen Einkaufs und überlegen, ob und wo es Verbesserungsmöglichkeiten gibt? Oder wie der technische Einkauf bei wachsendem Geschäft und mehreren (neuen) Standorten zukunftssicher organisiert werden kann?

Bitte betrachten Sie den technischen Einkauf dabei nicht als eigenständige, in sich geschlossene Organisation, die sich ausschließlich mit Einkaufskennzahlen und losgelöst von anderen Bereichen optimieren und ausrichten lässt. Das funktioniert nicht, weil ein technischer Einkauf eine stark „vernetzte" Drehscheibe im Unternehmen ist bzw. unbedingt sein sollte:

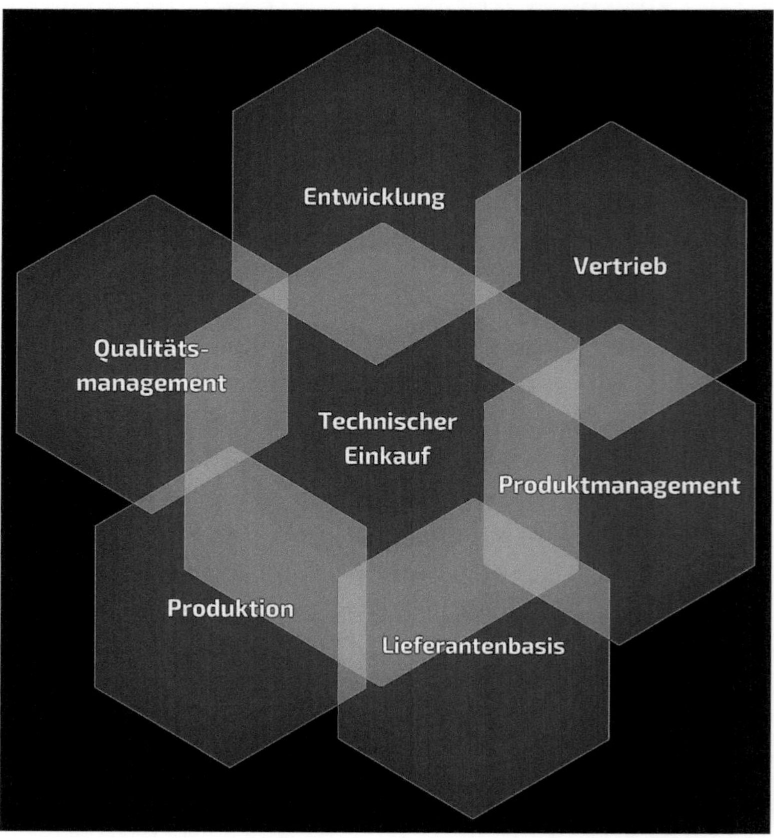

Die aus meiner Sicht wichtigsten Fragen zur Funktion und Organisation eines technischen Einkaufs lauten:

- Gibt es eine echte, bereichsübergreifende Projektteamarbeit auf Augenhöhe?
- Wie wird die Meilensteinplanung der einzelnen Projekte abgestimmt und verabschiedet?
- Wie werden die Summe der Kundenaufträge und damit die Summe der Meilensteinplanungen abgestimmt, eingelastet und zeitlich entzerrt?
- Gibt es eine neutrale Projektberichterstattung der Projektleiter und an wen berichtet das Projektmanagement Office (PMO)?
- Was sind die „echten, tieferen" Ursachen für wiederkehrende Probleme?
- Ist der Einkauf selbst das Problem oder bekommt der Einkauf Probleme, weil viele Zeitverzögerungen und Sachzwänge im Projekt- oder Entwicklungsverlauf am Ende der Kette im Einkauf und allgemein in Operations aufschlagen?
- Passt die Organisation und Ausstattung des Einkaufs (zum Beispiel zentral, dezentral, Einkaufs-Netzwerk, personelle Stärke, strategischer Einkauf, operativer Einkauf, Budget, Einkaufstools) in Ihr Unternehmen und kann der Einkauf damit die anstehenden Herausforderungen lösen?

- Gibt es Regeln für make-or-buy-Entscheidungen und auf welcher Grundlage wird die Wertschöpfungstiefe prinzipiell und im Einzelfall festgelegt?

- Gibt es eine definierte und passende Einkaufsstrategie und ist diese in die Unternehmensstrategie eingebunden?

- Passen die gesetzten Ziele und Kennzahlen zur Verfügbarkeit, Bestände und Preisentwicklung zusammen?

- Welche Qualität hat der Forecast, der dem Einkauf auf Materialnummernebene zur Verfügung steht?

- Ist die Lieferantenbasis strategisch ausgerichtet und beinhaltet sie ein Risikomanagement? Ist die Lieferantenbasis so flexibel, wie es die Qualität und „Sprunghaftigkeit" des Forecasts erfordert?

- Gibt es ein passendes, möglichst „schlankes" Vertragswesen in Form von Liefer- und Qualitätssicherungsvereinbarungen als Individualverträge? Hier werden auch Sicherheitslager, Abrufmengen und Auffüllzeiten (also die maximale Abruffrequenz) bei Lieferanten definiert.

Bei diesen Fragen und Betrachtungen kann Sie ein Interim Manager und Berater mit langjähriger Einkaufs- und Führungserfahrung sehr gut unterstützen: als Impulsgeber und Diskussionspartner, mit der Ausarbeitung eines Benchmarks als Standortbestimmung oder in einem Change-Projekt.

Literaturverzeichnis zu diesem Beitrag:

Christian Ritzer: Als Projektleiter von kritischen Projekten lernen – Interim Manager berichten aus der Praxis, Band Automotive, Diplomatic Council Publishing, 2021

Lang, Michael und Nowotny, Valentin: Der Weg zum agilen Unternehmen-Wissen für Entscheider. Hanser Verlag, 2018

Marko Lasnia, Nowotny, Valentin: Agile Evolution: Eine Anleitung zur agilen Transformation. Business Village Verlag, 2018

Christiane Brandes-Visbeck und Ines Gensinger: Netzwerk schlägt Hierarchie: Neue Führung mit Digital Leadership, Redline Verlag, 2017

Manfred Richter, Technischer Einkauf interim: Um was geht es dabei, Fachartikel im United Interim Blog, 2021
https://www.unitedinterim.com/blogs/technischer-einkauf-interim-um-was-geht-es-dabei-2.html

Trendsurfen mit KPIs

Verstecktes Management hinter dem Laptop

Michael Weimar, Geschäftsführer Weimar Interim Management

Einleitung

Wahre Führung erfordert nur wenige Key Performance Indicators (KPIs), aber viel Mut: den Mut, Situationen selbst einzuschätzen, Optionen durchzuspielen, Ziele und Konzepte zu entwickeln – und auch wieder zu ändern. Es geht darum, selbstständig zu lernen und vor allem dann auch zu handeln. Im Zeitalter schneller Lösungen ist das wertvoller als jemals zuvor.

Nach nunmehr über 30 Jahren in leitenden Positionen der ersten und zweiten Führungsebene unterschiedlicher Branchen und Unternehmensgrößen muss ich seit einigen Jahren eine stetige, massive Zunahme der Einführung von Steuerungs-Kenngrößen, sogenannten KPIs (Key Performance Indicator) feststellen. Diese umschließen inzwischen alle an der Wertschöpfung beteiligten Bereiche. Verständlicherweise hat das seine guten Gründe und wird an jeder Business School gelehrt. Gerade die hohe Kunst der erfolgreichen Unternehmensführung besteht jedoch darin, ein KPI-höriges Denken in Frage zu stellen, selbst zu urteilen und – in ausbalancierter Weise – konsequent und mutig zu handeln.

Die folgenden Ausführungen sind bewusst „hart", deutlich und manchmal sicher auch provozierend formuliert. Sie bringen subjektive Empfindungen aus dem Unternehmensalltag ans Tageslicht. Manche entsprechen sicherlich nicht der üblichen oder gewünschten Ausdrucksweise. Man findet sie kaum in Lehrbüchern. Somit wird mit diesem Beitrag Licht in einen Graubereich des Managements gebracht. Indes ist gerade die Kenntnis der dargestellten Denk- und Handlungsweisen vieler Mitarbeitenden das, was ein in der Praxis erfolgreiches Ansprechen der oft hinter einer Fassade liegenden Probleme und ein Mitnehmen der Menschen ermöglicht. Nur wer als Führungskraft weiß, was abseits aller Theorie und allem Gewünschten wirklich in den Köpfen und Herzen vorgeht, kann selbst Strategien entwerfen und Maßnahmen umsetzen, etwas zu bewegen – gerade dann, wenn es kritisch wird. Und kritisch wird es bei all den Umwälzungen der aktuellen Zeiten immer öfter.

Nach eigener Erfahrung werden in der Praxis alle Bereiche des Unternehmens mit einer zunehmenden Flut an Messgrößen überzogen. Damit wird versucht, jedes Detail in den „Kellergewölben" aller Unternehmensbereiche zu erfassen. Begründet wird dies mit der Notwendigkeit, die Unternehmenszielsetzungen in immer komplexer und internationaler werdenden Marktsituationen noch besser und genauer steuern zu müssen, um richtige, belastbare Entscheidungen treffen zu können. Detaillierte Kenngrößen zur Gehaltsfindung sollen den Erfolg jeder Abteilung transparent machen und zu einer leistungsgerechten Entlohnung beitragen.

In der Praxis zeigt sich jedoch, dass eine „übermäßige" Beschäftigung mit dem Zusammenstellen und Darstellen der „richtigen" Zahlen viel Zeit frisst. Oftmals widersprechen sich solche Analysen teilweise auch noch oder sollen – wohlwollend formuliert – sogar bewusst konkurrierend sein. Wozu? Beides kostet enorme Ressourcen und geht oftmals an dem eigentlichen positiven Voranbringen des Geschäftes vorbei.

Selten zugegeben, aber auf genauere Nachfrage zwischen den Zeilen lesbar, existiert zudem ein Misstrauen der Top-Ebene gegenüber der zweiten und dritten Führungsebene – auch gegenüber den Nicht-Führungsebenen. Dies ist in vielen Fällen gepaart mit Unkenntnis über die Prozesse, Stärken und insbesondere die Schwächen der eigenen Gesamt-Organisation. Gesteuert wird – bildlich gesprochen und von vielen Beteiligten so empfunden – nur noch aus dem „Versteck des eigenen Laptops". Zwischenmenschliche Kontakte, Vertrauen, Urteilsfähigkeit und insbesondere Menschenkenntnis erscheinen so, als hätten sie eine immer geringere Bedeutung. Kommt man als unvoreingenommener Betrachter in eine solche Organisation, entsteht der Eindruck, dass bei der Führung von Mitarbeitern gravierende Fehler gemacht werden.

Ich bin der festen Überzeugung, dass dieses „Führen über Kenngrößen", dieses übermäßige Überziehen und Messen ganzer Unternehmen und Abteilungen an reinen KPIs mit Schwächen des Top-Managements zu tun hat. Der Umfang an Kenngrößen ist – halbwegs objektiv betrachtet – in vielen Fällen nicht notwendig. Er verhindert oftmals sogar den Erfolg, wenn Kosten und Zeitaufwand in nicht nachvollziehbarer Beziehung zum Aufwand stehen.

Praxisbeispiele in diesem Buch, selbst eingeführt und umgesetzt, sollen dem interessierten Leser als Denkansatz dienen, dass auch mit weniger KPIs Erfolg erzielt werden kann – wenn nicht sogar ein größerer. 70 Prozent an Informationen reichen in den allermeisten Fällen aus, um richtige Entscheidungen treffen zu können. Gestützt wird dies durch Analysen und Erkenntnisse der Verhaltensweisen im beruflichen sowie im privaten Kontext von Führungskräften der ersten bis dritten Ebene, die ich im Laufe meiner beruflichen Tätigkeit, 20 Jahre in Festanstellung und seit 15 Jahren als Interim Manager, gewonnen habe. Im Selbststudium von Psychologie und Sozialverhalten, sowie bei vielen Gesprächen mit Coaches, habe ich meine Erfahrungen professionalisiert. Erfahrungsberichte aus Fachartikeln von Fremdautoren werden hierzu ebenfalls miteinbezogen. Dieser Erkenntnis-Beitrag soll aufzeigen, dass

- mit der richtigen Personalauswahl – vor allem im Management,
- einer strukturierten Organisation und deren Funktionen, sowie der
- Beschreibung der Guidelines der Unternehmens-Prozesse (Vision),
- echter Wertschätzung gegenüber allen Mitarbeitenden sowie durch
- Fördern und Fordern

ein Betriebsklima und eine Leistungsbereitschaft geschaffen werden können, durch welche sehr viele KPIs überflüssig werden. Es entsteht Zeit und Raum für mehr echte Beziehungen zwischen Menschen, die letztendlich im Unternehmen am selben Strang ziehen; und das macht häufig den Unterschied zwischen „Erfolg“ und „Misserfolg aus; zumindest zwischen „geht so“ und „richtig gut“, oder zwischen „wir kommen so durch“ und „wir verdienen richtig gutes Geld“!

Trendsurfen

Trendsurfen: *Die Gewohnheit, auf dem Kamm der neuesten Welle in der Managementtheorie zu surfen und dann gerade rechtzeitig wieder an Land zu paddeln, um auf die nächste Welle aufspringen zu können. Dieser Zeitvertreib ist stets fesselnd für Manager und lukrativ für Berater, hat für das Unternehmen aber häufig katastrophale Folgen.* [22]

Urteilsvermögen: *Grundlage jeder Entscheidung, die jeder einzelne Mitarbeiter im Unternehmen Tag für Tag trifft. Diese Eigenschaft findet daher häufig, wenn auch aus unerfindlichen Gründen, fast keinerlei Beachtung.*

Business Reengineering, Total Quality Management, Prince2, Scrum und Empowerment sind nur einige Beispiele aus dem schier unerschöpflichen Angebot der vorgefertigten Patentrezepte und Schlagwörter, von denen behauptet wird, sie könnten Unternehmen auf die Ebene der „weltbesten" Wettbewerber katapultieren. Leider stürzen sich nur allzu viele Firmen blindlings auf diese „Allheilmittel", ohne genau zu verstehen, was man damit erreichen kann und was nicht.[23] Und „ganz nebenbei" müssen hierfür dann wieder neue KPIs „gefunden" werden.

Die zentralen Führungsinstrumente müssen wieder in den Vordergrund: Manager brauchen einen klaren Blick für die Realität, ein gutes Urteilsvermögen, Entscheidungswillen und Mut zur Führung.

Im Zeitalter von unerschöpflichen Patentrezepten und Zauberformeln für „bahnbrechende« Leistungsverbesserungen und Ergebnisse „von Weltklasseniveau", stehen folgende „Hauptattraktionen" zur Verfügung.

- Sie können eine flache Pyramide bauen, eine horizontale Organisation zimmern, oder auch die Hierarchie verbannen.
- Sie können Mitarbeitern mehr Vollmachten geben, mit ihnen einen offenen Dialog führen und die Kultur erneuern.
- Sie können Kunden zuhören, ein kundenorientiertes Unternehmen formen und sich dem Ziel der vollkommenen Kundenzufriedenheit verschreiben.
- Sie können ein Unternehmen auf „Visionen" einschwören, die Mission in schriftliche Zieldeklarationen fixieren und einen strategischen Plan entwerfen.
- Sie können kontinuierliche „Verbesserungen" anstreben, zu neuen Paradigmen überwechseln oder sich in eine lernende Organisation verwandeln.
- Sie können sich und Ihre Firma voller Begeisterung in das Total Quality Management, in Prince2 oder Scrum stürzen.
- Sie können Ihr Unternehmen nach den Grundsätzen des Business Reengineering umbauen mit dem Ziel, eine – wie die Begründer dieses Konzepts es formulieren – „Revolution im Unternehmen" anzetteln

Im Grunde hat jedes dieser Rezepte seine Vorteile und kann zu guten Resultaten führen. Die Voraussetzung hierfür: Überlegen Sie sich gründlich, mit welchen Ansätzen Sie bestimmte operative Leistungsziele erreichen können, und schneiden Sie diese exakt auf die Bedürfnisse Ihres Unternehmens zu.

Jede dieser Methoden kann einerseits zu neuen, effizienteren Arbeitsweisen animieren. Da es sich aber andererseits auch um schlagkräftige Führungsinstrumente handelt, können diese ein auch ganzes Unternehmen ins Chaos führen und verheerenden Schaden anrichten.

Insbesondere, wenn diese als Patentlösungen betrachtet und rein mechanisch in allen Teilen der Organisation angewendet werden, ohne dass sich die Verantwortlichen Gedanken darüber machen, wo und warum sie sinnvoll sein können, mit welchen anderen Verfahren man sie kombinieren könnte und wie sie – wenn überhaupt – auf die Bedürfnisse des Unternehmens abgestimmt werden sollten.

Hierbei stehen Ihnen zwei völlig entgegengesetzte Ansätze zur Verfügung:

- Entweder Sie haben den Mut, Ihr Unternehmen aktiv und mit klarem Verstand zu führen, oder

- Sie schalten im Management auf Automatik.

Voraussetzung für den Mut zur bewussten Führung ist die Bereitschaft, Situationen einzuschätzen, mögliche Varianten durchzuspielen, geeignete Instrumente auszuwählen und sie an die jeweiligen Anforderungen anzupassen bei gleichzeitiger Übernahme der Verantwortung für die getroffenen Entscheidungen und die erzielten Ergebnisse. Automatisiertes Management hingegen bedeutet, sich auf vorgefertigte Rezepte zu stützen: Man läuft den Lemmingen in anderen Unternehmen hinterher und setzt die Ratschläge der Gurus buchstabengetreu um. Dafür steht man auch nicht unter dem Druck, sich ein eigenes Urteil bilden zu müssen. Außerdem kann man in diesem

Fall die Hände einfacher in Unschuld waschen, wenn der eingeschlagene Kurs in eine Sackgasse führt.

Patentrezepte üben eine große Anziehungskraft aus; sie verheißen Managern „garantierte“ Ergebnisse und Beratern höhere Honorare. Es gibt sie nur leider nicht, und es hat sie auch nie gegeben. Neu ist jedoch die unvorstellbare Menge an Lösungsvorschlägen. Manche sind tatsächlich neu, andere hingegen nur neu verpackte Methoden, die nunmehr als Königsweg angepriesen werden.

Wahre Führung erfordert Mut: den Mut, Situationen einzuschätzen, Optionen durchzuspielen, Pläne zu entwickeln und zu ändern, zu lernen und zu handeln. Im Zeitalter der schnellen Antworten ist dieser Mut wertvoller als jemals zuvor.

Führungskräfte sind häufig Fehlbesetzungen

Im folgenden Interview mit Florian Brach, seit über zwölf Jahren als Headhunter für Mittelständler und Großunternehmen mit mehr als 15.000 Mitarbeitern tätig, wird das ganze Dilemma in den Führungsetagen deutlich.[24]

Herr Brach, seit über zwölf Jahren zählen Manager aus Konzernen und Mittelständlern zu Ihren Auftraggebern. Bei Ihrer Arbeit gewinnen Sie exklusive Einblicke in die deutschen Führungsebenen. Wie gut sind wir dort aufgestellt?

Leider sitzen häufig die falschen Leute auf Führungspositionen. Oft habe ich Menschen erlebt, die Risiken scheuen, keine Entscheidungen treffen und nur auf ihr persönliches Vorankommen bedacht sind. Sie würden staunen, wie hoch die Wechselbereitschaft ab einer gewis-

sen Flughöhe ist! Immer wieder stoße ich zudem auf Visitenkarten-Egos.

Was ist denn ein Visitenkarten-Ego?

Das ist ein Mensch, der sein komplettes Selbstvertrauen nur auf seinen Titel bezieht. Jeder kennt diese Personen. Ich hatte zum Beispiel mal eine solche Klientin: Bei unserem ersten Treffen wirkte sie sehr souverän und nahbar. Dann verlor sie ihren Job und ihr komplettes Auftreten änderte sich. Von ihrem Selbstvertrauen war nichts mehr übrig. Als sie wenige Wochen später einen deutlich besseren Job fand, verhielt sie sich plötzlich äußerst arrogant und war kurz angebunden. Sie können sich vorstellen, wie so jemand dann gegenüber Mitarbeitern auftritt.

Wie kann es überhaupt passieren, dass solche Leute in so hohe Ämter kommen?

Das Problem ist: Eine schlechte Führungskraft gebärt die nächste. Niemals würde ein schwacher Chef starke Mitarbeiter an Bord holen – die überrunden ihn nämlich sonst links und rechts! Und das Schlimmste ist, dass die Geschäftsleitung davon oft gar nichts mitbekommt. Das war früher anders.

Inwiefern?

Vor einigen Jahren sind Chefs noch täglich durch die Werkshallen gelaufen und haben mit ihren Mitarbeitern gesprochen – nicht aus Langeweile, sondern weil sie wissen wollten, was im Unternehmen vor sich geht. Gab es mal Unzufriedenheit wegen einer Führungskraft, ließ sich das nicht lange geheim halten. Heute allerdings sind

Geschäftsführer viel weniger im persönlichen Kontakt mit den Angestellten. Und selbst wenn sie merken, dass es Probleme mit der Führungsmannschaft gibt, hören sie aus der Personalabteilung nur: „Sorry, wir finden leider keine Besseren“.

Es ist so: Eine schlechte Führungskraft gebärt die nächste.

So falsch ist das aber auch nicht, oder? Schließlich herrscht immer noch Fachkräftemangel, sogar trotz Corona. Vielleicht gibt es die guten Führungskräfte gerade einfach nicht am Markt?

Verzeihen Sie mir, dass ich über diese Frage schmunzeln muss, aber das höre ich immer wieder. Allerdings lasse ich es nicht gelten! Es ist nicht der Fachkräftemangel, wegen dem Positionen unbesetzt sind, sondern die Unfähigkeit, die richtigen Fachkräfte anzusprechen. Beim Recruiting haben die meisten Unternehmen einfach keine Strategie – oder eine falsche!

Und die wäre?

Sie suchen zu kurzfristig. Bei fast all meinen Klienten konnte ich das beobachten. Die Denkweise ist: Wenn ich in fünf Jahren neue Mitarbeiter brauche, fange ich in viereinhalb Jahren mit der Suche an. Dann schreibe ich die Stellen aus und die Bewerber kommen automatisch. Viele setzen obendrein auf Active Sourcing und Social Media. Das heißt: Ich schreibe möglichst viele Leute an und hoffe, dass sich jemand bei mir meldet. Natürlich funktioniert das nicht. Es ist so, als würden Sie auf die

Straße gehen und den Nächstbesten fragen „willst Du mein Freund sein“?

Was funktioniert stattdessen?

Langfristig zu planen und Beziehungen zu pflegen. Ich muss die Fach- und Führungskräfte von morgen schon heute ansprechen. Das setzt voraus, dass Unternehmen sich frühzeitig Gedanken machen: Welche Stellen brauchen wir? Welches Fachwissen verlangen wir von den Bewerbern? Und: Welchen Typus Führungskraft suchen wir – die, die folgen, oder echte Disruptoren?

Und wenn ich das gemacht habe: Wo finde ich diese Leute?

Praktisch überall, in Universitäten und Fachhochschulen zum Beispiel. Aber nicht nur! Vielleicht spaziert Ihr nächster Geschäftsführer ja schon bei Ihnen im Betrieb herum? Wichtig ist nur, dass Sie schon jetzt mit dieser Person ins Gespräch kommen. Geben Sie ihr die Chance, das Unternehmen kennenzulernen und sich dafür zu begeistern – zum Beispiel bei einer Hospitanz. Und unterschätzen Sie nicht die persönliche Komponente: Menschen kommen wegen Menschen. Treffen Sie sich also hin und wieder mit den Kandidaten oder schreiben Sie eine nette Mail.

In Unternehmen herrscht eine Unfähigkeit, die richtigen Fachkräfte anzusprechen!

In fachlich sehr spezialisierten Betrieben wird es da bei der Talentsuche aber schnell dünn!

Welches Fachwissen eine Führungskraft haben muss, das wird oft überschätzt. Ich rate Unternehmen, über den Tellerrand zu blicken. Das hat sich bei meiner Arbeit als Headhunter vielfach bewährt. Wichtig ist doch nicht, ob ein Bewerber aus meinem Industriesektor kommt, sondern ob er die grundlegenden Herausforderungen meistern kann, die sich bei mir stellen! Wenn das der Fall ist, dann ist die fachliche Einarbeitung keine große Sache mehr.

Aus der Perspektive eines Geschäftsführers klingt Ihre Recruiting-Strategie nach einer Menge Aufwand.

Die besten Leute zu finden, sollte oberste Priorität haben für einen Geschäftsführer! Denn: Gute Produkte und Erfolg am Markt, all das ergibt sich erst aus der Zusammenarbeit der richtigen Köpfe. Bedenken Sie, wie viel Zeit Sie sich sparen, weil Sie nicht mehr Hunderte Personen ansprechen müssen. Sondern nur noch einzelne Ausgewählte. Auch aufwendige Ausschreibungen sind nicht mehr nötig.

Ein Problem bleibt aber noch: Bei mir als Geschäftsführer wollen alle den besten Eindruck hinterlassen. Woran erkenne ich die Schaumschläger?

Indem sie immer wieder Aussagen und Entscheidungen Ihrer Kandidaten hinterfragen. Gehen Sie regelmäßig ins Gespräch und scheuen Sie auch keine tiefgehenden fachlichen Fragen. Ist Ihr Gegenüber kompetent, wird er sich gerne die Zeit nehmen, Ihnen die Antwort ausführlich zu erklären. Bohren Sie nach, nerven Sie ein bisschen. Spätestens dann fällt bei jedem die Maske! Investieren Sie

Zeit und treffen Sie ihre zukünftigen Mitarbeiter so oft wie möglich. Nicht nur ein- oder zweimal.

Und wo fange ich jetzt am besten an, wenn ich dieses längerfristige Recruiting einführen will?

Setzen Sie sich in den nächsten Tagen doch mal für drei, vier Stunden mit Ihrem Personaler zusammen. Konzentrieren Sie sich auf eine Stelle, die Sie in den nächsten Jahren besetzen müssen. Zeichnen Sie Ihren Wunschkandidaten: Was muss er oder sie mitbringen – welches Fachwissen, welche Soft Skills? Dann überlegen Sie: Wo ist dieser Mensch heute – vielleicht noch im Studium oder in einer Ausbildung? Jetzt nehmen Sie Kontakt auf, egal ob telefonisch oder auf Fachevents! Zögern Sie nicht: Es gibt genügend Leute, die nur auf ihre Chance warten!

Dieses Interview zeigt sehr deutlich und provokant, dass der Satz immer noch Gültigkeit hat: „Der Fisch fängt am Kopf an zu stinken!“ Alles Gute beginnt somit bei der Geschäftsführung, aber auch das Gegenteil.

Eine andere Formulierung desselben Sachverhaltes wird durch den sogenannten „GiGo-Effekt“ beschrieben: Garbage in – Garbage out!

Dadurch entstehen viele Fragen. Einige Beispiele:

- Weshalb werden auf Beirat- und C-Level Ebene solch gravierende personelle Fehlentscheidungen getroffen? Worin liegt die Ursache?
- Weshalb kommen Geschäftsführer, Bereichsleiter, Teamleiter sowie Nicht-Führungskräfte sehr oft ausschließlich

aufgrund von fachlichen Zertifikaten, Titeln oder durch „Netzwerke“ auf ihre Funktionen bzw. Positionen? Was sagt ein irgendwann einmal erworbener Titel oder ein Zertifikat über die Fähigkeit aus, ein Unternehmen, einen Bereich oder ein Team nachhaltig erfolgreich führen zu können?

- Wieso spielen Soft-Skills, wenn überhaupt, nur eine unterrepräsentierte Rolle? Gibt es hier einen Unterschied zwischen Männern und Frauen? Welche Qualifikationen, Soft-Skills und Charaktereigenschaften sind für eine Führungskraft entscheidend?

Ich denke, die Beantwortung ist schwierig, da wir hierbei die Welt des „Messbaren“ verlassen müssen. Wir „spüren“, das mag kitschig klingen, wann jemand authentisch ist und keine Handlungsempfehlung aus Management Coaching-Ausbildungen kopiert.

Zum Ergründen dieser Fragen kommen wir um das Thema „Emotionale Intelligenz“ (dargestellt in den folgenden Kapiteln) nicht herum.

Und auch hierbei, Sie mögen mir das nachsehen, gibt es leider keine klaren Fakten und Handlungsempfehlungen, die wir stur übernehmen könnten. Trotz allen wissenschaftlichen Fortschritts und den Versprechungen der hundertprozentigen Absicherung: Die Welt ist nicht schwarz-weiß und wird es hoffentlich auch nicht werden.

Emotionale Intelligenz im Business

Erfolgsfaktor oder lediglich eine Floskel?

Was bedeutet Emotionale Intelligenz?

Erstaunlicherweise hat dieser Begriff erst vor ca. 30 Jahren als Terminus die öffentliche Aufmerksamkeit in der Management-Literatur erlangt. Er wird in der Praxis auch oft gleichbedeutend mit „Sozialer Intelligenz“ verwendet.

Manche Autoren stellen die *emotionale Intelligenz* als Gegensatz zum klassischen Intelligenzbegriff dar. Tatsächlich geht es um die Erweiterung der klassischen Vorstellung von Intelligenz, in der lediglich kognitive und rein akademische Fähigkeiten als Voraussetzung für den Erfolg im Leben betrachtet werden.[25] Im Folgenden soll dieser Begriff als Fähigkeit, eigene und fremde Gefühle (korrekt) wahrzunehmen, zu verstehen und zu beeinflussen, verstanden werden.

Der erste Bereich *Wahrnehmung von Emotionen* umfasst die Fähigkeit, Emotionen in Mimik, Gestik, Körperhaltung und Stimme anderer Personen wahrzunehmen.

Der zweite Bereich der *Nutzung von Emotionen zur Unterstützung* umfasst Wissen über die Zusammenhänge zwischen (eigenen und fremden) Emotionen und Gedanken, welches zum Beispiel zum Problemlösen eingesetzt wird.

Das *Verstehen von Emotionen* spiegelt die Fähigkeit wider, Emotionen zu analysieren, die Veränderbarkeit von Emotionen einzuschätzen und die Konsequenzen derselben zu verstehen.

Die *Beeinflussung von Emotionen* erfolgt auf Basis der Ziele, des Selbstbildes und des sozialen Bewusstseins des Individuums und beinhaltet z. B. die Fähigkeiten, Gefühle zu vermeiden oder gefühlsmäßige Bewertungen zu korrigieren. Beispielsweise kam eine Metaanalyse aus dem Jahr 2011 zu dem Ergebnis, dass emotionale Intelligenz stärker mit Berufserfolg zusammenhängt als kognitive Intelligenz und die „fünf Persönlichkeitsdimensionen“.[26]

Empirische Studien zeigen, dass Menschen, die die Fähigkeit besitzen, eigene und fremde Gefühle zu steuern, im beruflichen und privaten Leben erfolgreicher sind. Sie leiden weniger häufig unter psychischen Störungen, haben bessere private und berufliche Beziehungen, sind zufriedener und weniger anfällig für ungünstige Gewohnheiten wie Rauchen oder ungesunde Ernährung. Sind die Begriffe Emotionale Qualität (EQ) und Empathie durch die Populär- und Managementliteratur „managementtauglich“ verflacht, und erscheinen nur noch als fad und damit als Floskel?

Auf der Suche – emotionale Intelligenz

In diesem Zusammenhang begegnen mir in der Praxis immer wieder – auch noch im Jahre 2022 – die folgenden Fragen:

- Weshalb wird Emotionale Intelligenz immer noch mehrheitlich mit Frauen in Verbindung gebracht, und (Mittelmaß-) Männer schämen sich dessen?

- Wann stehen diese Männer offen dazu, dass auch sie Emotionen haben?

- Hat Aufklärung (begonnen übrigens vor über 200 Jahren!) im Erziehungs- und Denkmuster von Männern versagt?

- Weshalb müssen erfolgreiche Frauen immer noch die „besseren Männer spielen“, um in deren Augen Anerkennung zu finden?

- Wann begegnen Männer Frauen auf Augenhöhe, und wann empfinden Frauen Männer nicht mehr als gefühlsarme Feinde?

In meinen Mandaten begegnet mir bei den Begriffen Emotionale Intelligenz, Intuition oder Bauchgefühl immer wieder eine massive schwarz/weiß Eingruppierung durch Männer. Die Aussage „*Gefühle sind etwas für Frauen, Männer dagegen müssen Härte zeigen*“ zieht sich wie ein roter Faden durch alle Branchen und Unternehmensgrößen. Bemerkenswert ist, dass solche Aussagen aber kaum noch offen ausgesprochen werden. Über die Gründe (Feigheit, Mutlosigkeit, Sinneswandel, Angst vor Compliance- oder Diversity-Verstoß) lässt sich nur spekulieren. Eine Antwort könnte darin bestehen, dass viele männliche Führungskräfte nicht verstanden haben, dass unsere Welt der Menschen (auch in den Unternehmen) eben nicht nur aus den Extremwerten, sondern auch aus Grauzonen besteht. Ein Beobachter könnte sich die folgenden Fragen stellen:

- Können Männer dies nicht sehen? Wollen sie das nicht sehen? Weshalb haben sie niemals darüber reflektiert, als sie das Elternhaus verlassen haben?

- Hätten sie nicht bereits bei der allerersten Affäre oder Beziehung merken müssen, dass Frauen anders sind als sie es unter Umständen im Elternhaus gelernt haben?

- Weshalb haben Frauen ihnen das „durchgehen lassen“?

Missverständnis – Emotionale Intelligenz in Führungsetagen

Die folgenden Aussagen reflektieren Einstellungen, die sich explizit oder implizit – offen oder versteckt – immer noch in vielen Unternehmen in der Praxis finden lassen:

- *„Härte zeigen ist das einzige Führungsinstrument, um das Ruder herumzureißen“*. Das ist eine Aussage, die sich sogar genauso in Ausschreibungen für Führungskräftepositionen finden lässt – man mag es kaum glauben.

- *„Als Führungskraft muss ich fachlich besser sein als meine Mitarbeiter. Das sollen sie sehen und auch spüren. Das reicht, um eine gute Führungskraft zu sein“*. Meine persönliche Einschätzung geht bei solchen Aussagen in Richtung „Dummheit“ – aber auch das ist leider ein oft vertretener Ansatz.

Für beide angesprochenen Thesen behaupte ich: Nein, im Gegenteil! Härte und fachliches Vormachen zeigen nur in wenigen Fällen die gewünschte Wirkung, erst recht nicht, wenn eine nachhaltige Wirkung gewünscht wird. Zudem: Auch Empathie ist eine Qualifikation! Beides dient lediglich dazu, kurzfristige „Erfolge“ zu generieren bei gleichzeitiger Demotivierung der Mitarbeiter. Als Folge fällt die Leistung wieder ab und die Führungskraft hat „auch gutes Porzellan“ zerschlagen. Fordern und Fördern hat immer noch Gültigkeit. Beides bedingt, dass ich mir um meine Mitarbeiter Gedanken machen muss. Sowohl fachlich als auch persönlich und emotional.

Fordern aber bitte nicht verwechseln mit Härte. Gemeint ist ein freundliches, respektvolles, wertschätzendes, aber konsequentes Einfordern von zuvor vereinbarter bzw. vertraglicher

Leistung. Hierzu gehört auch die Fähigkeit zu Coachen. Aber: Ein Coach ist kein „Oberlehrer“, sondern er entwickelt die Fähigkeit, Mitarbeiter dort abzuholen, wo sie aktuell stehen, und nimmt sie (fördert sie) auf die unternehmerische Reise mit. Und dies gilt nicht erst seit heute. Diese Erfahrung habe ich bereits vor 30 Jahren gemacht; ich hatte damit nachhaltigen menschlichen- <u>und dadurch</u> auch wirtschaftlichen Erfolg. Probieren Sie es aus. Sie werden überrascht sein.

Die Sendung mit der Maus

Was hat diese Sendung, die viele aus Kindertagen kennen, mit Führungsverhalten in Unternehmen zu tun? Nun, stellen Sie sich doch einmal die folgende Frage:

Wieviel Prozent der Ihnen in Ihrer Vergangenheit von einem Beratungshaus überreichten Ergebnissen einer Schwachstellen-Analyse oder Maßnahmen-Vorschlägen haben Sie vollständig verstanden?

Ich habe im Laufe vieler Einsätze als Interim Management so manche vermutlich gut gemeinte Studie eines Unternehmensberaters zum Lesen erhalten und die betroffenen Entscheider befragt. Die ehrlichen Antworten waren weit weg von „alles“. Viele Führungskräfte – gerade die besten unter ihnen – beklagen ganz offen unverständliche Management-Phrasen und oberflächliche, aber wichtig klingende Floskeln. Daher stellt sich die Frage, ob die Belegschaft, die noch weniger als die meist akademisch gebildeten Führungskräfte gewohnt ist, mit dieser „Sprache“ zu arbeiten ist, dies versteht. Aber die sollen das doch nachvollziehen und nachhaltig umsetzen, oder?

Unternehmen zahlen enorm viel Geld für Beratungsleistungen, häufig gespickt mit (angeblich international verständlichen) Standard-Begriffen, für die sie einen Dolmetscher brauchen. Ob namhafte Beratungshäuser oder kleine „Berater-Professoren“: Beide legen Unternehmen die schönsten Analysen und Konzepte vor, die (angeblich) „State-of-the-Art“ sind. Weshalb glauben die Entscheider in den Unternehmen das? Was ist mit deren eigener Urteilsfähigkeit geschehen – oder mit einem gesunden Austausch mit den Menschen, die das alles auch nachhaltig umsetzen sollen?

In der Praxis trifft man häufig Menschen in Unternehmen, die sich beim Thema „Unternehmensberater und Unternehmensleitung“ einer Ausdrucksweise bedienen, die Begriffe wie *„Gehirn beim Pförtner abgeben, wenn sie ins Unternehmen kommen“* umfassen. Noch schlimmer: *„Wen haben die da oben denn um Gottes Willen als Chef eingestellt“*?

Um Sie als Leser wieder zu beruhigen: Die meisten Mitarbeiter und Mitarbeiterinnen in Unternehmen, die ich in meiner Karriere kennen gelernt habe, wissen (mehrheitlich) durchaus, wie „ihr“ Geschäft funktioniert. Sie kennen die Schwachstellen ganz genau, allein schon aus positivem egoistischem Eigennutz. Sie sind auch keine Masochisten, die der Schmerzen wegen tagtäglich ins Unternehmen kommen. Sie haben ein erhebliches Eigeninteresse, sich nicht zu ärgern, Spaß an ihrer Arbeit zu haben, mit Kollegen zu scherzen, und „ihre Kunden“ bestmöglich zu bedienen. Doch seien Sie vorsichtig, wenn Begriffe durch den Raum schweben, die „schön und wichtig“ klingen, aber von denen kaum einer weiß, was damit gemeint ist.

Des Humors wegen seien einige Highlights des „Bullshit-Bingo“ genannt, die mir in allein in den letzten Tagen über den Weg gelaufen sind:

- Field-Strengthness-Analysis,,
- Stakeholder-Analyse
- Communication Plan,
- Business Case and Target Picture,
- Health Check and Process Review,
- Target Operating Model.

Allen Begriffen ist gemeinsam:

- Keiner traut sich mehr nachzufragen, was das eigentlich heißt, weder die Manager noch die Mitarbeiter.
- Alle reden auf vermeintlich hohem professionellem Niveau… doch gezielt aneinander vorbei.
- Einige Beteiligte äußern versteckt (am Kopierer oder an der Kaffee-Maschine) die Frage: „Meinen die das ernst, oder sind wir hier in einer Comedy Show?“

Wie im Märchen von Hans Christian Andersen „Des Kaisers neue Kleider“ möchte die Masse wohl an eine Illusion glauben. Im Raum stehen mögliche Leichtgläubigkeit, unreflektierte Selbstverliebtheit oder eine weitgehende unkritische Akzeptanz angeblicher Autoritäten und Experten zur Absicherung der eigenen Position in unsicheren Zeiten. Manchmal braucht es offenbar einen Narren oder ein unschuldiges „Kind“, das die Wahrheit sieht und den gesamten Schwindel aufdeckt: „Aber er hat ja gar nichts an!“

Was hat das nun mit dem Titel dieses Kapitels und mit KPIs zu tun?

Das Konzept der „Sendung mit der Maus“ hat das Ziel, Kindern komplizierte Fragestellungen und Inhalte einfach und motivierend zu erklären; Spaß und Verständnis stehen im Vordergrund. Mir erscheint, in dem „so vernünftigen“ Management-Umfeld verkehrt sich diese Idee ins Gegenteil: Eigentlich einfache Inhalte werden möglichst verkompliziert und verfehlen daher ihr Ziel. Erreicht wird, dummerweise, kein Verständnis und wenig Spaß.

- Die Sachgeschichten sollen Wissen vermitteln.
- Die Lachgeschichten dienen der Unterhaltung und dem Nachdenken.
- Die Spots fungieren als Trennelemente.

Zu den Sachgeschichten gehören Fragen wie „*Wie kommt die Zahnpasta in die Tube*“? Oder „*Wie kommen die Löcher in den Käse*“?

Die wirklich wichtigen Fragen lauten:

- Weshalb werden (vermeintlich dumme) Fragen von Managern nicht mehr gestellt?
- Weshalb machen wir eigentlich zwar komplexe, aber einfache Themen so kompliziert?
- Weshalb verklausulieren wir Informationen in unseren Konzepten?

Kinder hinterfragen viel und gern, sind neugierig und offen. Jeder kennt das aus dem eigenen Umfeld, „Wieso, weshalb, warum? Wer nicht fragt, bleibt dumm!“ Kinder sind neugierig und haben wenig Schamgefühl, auch einmal etwas „Falsches“ zu sagen oder „dumme Fragen“ zu stellen. Aber: Dies ist bereits eine Erwachsenen-Sichtweise, denn: *Dumme Fragen gibt es nicht, lediglich dumme Antworten.* Damit schränken wir unsere Kreativität und Innovation ein. Und genau das ist wirklich schlecht für jedes Unternehmen!

- Verhalten wir uns nicht wie im „Big Kindergarden“ für Erwachsene?
- Haben wir im Verlaufe unseres „Erwachsen-Werdens“ nichts gelernt bzw. das, was wir einmal hatten, wieder abtrainiert?
- Wären Kinder somit nicht die besseren Manager, da sie an die Lösungen von Inhalten offener, direkter, naiver, unvoreingenommener herangehen?
- Auch Kinder haben Angst; sie berechnen aber nicht, was sie tun (Herbert Grönemeyer).
- Sind Sie gerade deshalb nicht mutiger als Erwachsene?
- Kommen Sie dadurch nicht direkter und schneller zum Ziel?
- Weshalb haben Erwachsene ihren Mut verloren und bezeichnen das auch noch als vernünftig? Ist nicht derjenige, der zugeben kann, dass er nicht alles versteht, der Mutigere?

- Weshalb holen wir diese vergrabene, nicht mehr bewusste, kindliche Sicht- und Herangehensweise nicht wieder hervor, als Ergänzung in das Erwachsenen-Alter und begraben die als KPIs getarnten Fake News?

Je mehr Menschen anwesend sind, desto weniger wird geholfen und eingegriffen. Dies besagt der Zuschauereffekt – in der Psychologie vor allem bekannt unter dem Namen „Bystander-Effekt". Diese „Dummheit der Massen" ist allerdings kein neues Phänomen. Wir haben Angst, unseren Status zu verlieren, uns unbeliebt und etwas falsch zu machen. So folgen viele Menschen häufig den falschen Interessen.

Öfter mal was Neues

Neugier gilt als Schlüssel, um die Welt zu entdecken und sich selbst. Leider kommt sie vielen Mensch oft im Laufe des (Berufs-) Lebens abhanden. Dabei gilt doch die Erkenntnis, wer sein Interesse an Unbekanntem durch bewusstes Training bewahrt, wird nicht nur klüger, sondern auch glücklicher und erfolgreicher. So fragen gesunde Kinder andauernd: „Was ist das?" oder „Was machst du da?". Das ist für Erwachsende erst einmal anstrengend. Aber manchmal ist es überaus anregend, die Welt mit den großen Augen der Kinder zu sehen.[27]

Als Erwachsene gehen wir mit unserer Neugier anders um: vorsichtiger, diplomatischer, effizienter. Doch auch wir stellen Fragen, investieren Zeit in Unbekanntes und gehen Wagnisse ein, wenn uns etwas interessiert. Neugier ist uns angeboren, eine Art Urinstinkt, wichtig zur Erforschung des eigenen Ichs und der Welt. Für Neugierige fühlt sich das Leben manchmal wie ein Besuch in einem Feinkostladen an, in dem es nicht 50 Sorten Schokolade gibt, sondern gefühlt 500. [7]

Glücklich sind offenbar sogenannte „Potenzialentfalter“. So bezeichnet der Hirnforscher Gerald Hüther Menschen, die gerne Neues ausprobieren. In seinem Buch „Wer wir sind und was wir sein könnten. Ein neurobiologischer Mutmacher“ grenzt er sie von sogenannten „Ressourcenausnutzern“ ab, die in Alltagsroutinen verharren und den Großteil ihrer Zeit mit Dingen verbringen, die ihnen schon lange keinen Spaß mehr machen.[28] Das kann Ihnen nicht passieren? Doch, kann: Im Laufe des Lebens werden viele Menschen bequem und unflexibel. „Es hat mit den Kapazitäten im Kopf zu tun, wenn wir immer weniger bereit sind, offen und neugierig zu sein“, sagt Professor Falkai. Das ist durchaus verständlich: Das Gehirn verarbeitet täglich Millionen von Informationen. Sich auf etwas Neues einzulassen, ist anstrengend. Würden wir ständig jeden Handgriff anders machen wollen, bliebe keine Energie mehr übrig für die wirklich wichtigen Dinge wie Job, Partnerschaft und Familienleben.[29] Gefährlich wird die Routine erst dann, wenn wir aufhören, bestimmte Handlungen zu hinterfragen: Zum Beispiel, dass wir seit Jahren Freunde treffen, mit denen wir eigentlich nicht mehr viel gemeinsam haben. Oder dass wir uns jede Woche zum Tennis aufraffen, obwohl es uns eigentlich reizt, Yoga zu lernen. Routinen, die wir aus purer Gewohnheit beibehalten, sind Gift für unsere Neugier. Lässt man sich hingegen auf Veränderungen ein, ist das ein mentaler Türöffner zu anderen Welten.

Alternative, nachhaltigere Erfolgskonzepte

Die „richtige“ Führungsperson

Als Schlussfolgerung aus den vorangegangen Kapiteln liegt es nahe, ein neues Benchmarking aufzubauen, dass „Typen als Leitfiguren“ mit Vorbildfunktion, Urteils- und Entscheidungsfähigkeit hervorbringt, die „ihren" Verantwortungsbereich als „Unternehmer vor Ort" führen.

Es sind Personen, die bei der Einstellung von Führungskräften auf oberster Ebene tätig sind (die offensichtlich am relevantesten für dem Geruch des Fisches sind), also etwa Aufsichts- und Beiräte sowie Gesellschafter. Aus der Praxis heraus:

Suchen Sie lieber die Manager mit den ungeraden Lebensläufen, die Unangepassten, die Zweifler, die Risikobereiten, die Empathischen, die Optimisten, die Selber-Denker, die Über-sich-selbst-lachenden, eben die, die sich selbst vertrauen und damit auch anderen viel zutrauen, und fragen Sie sich hierbei ehrlich selbst, ob Sie dem gewachsen sind.

Wir sind alle Kunden – auch im eigenen Unternehmen

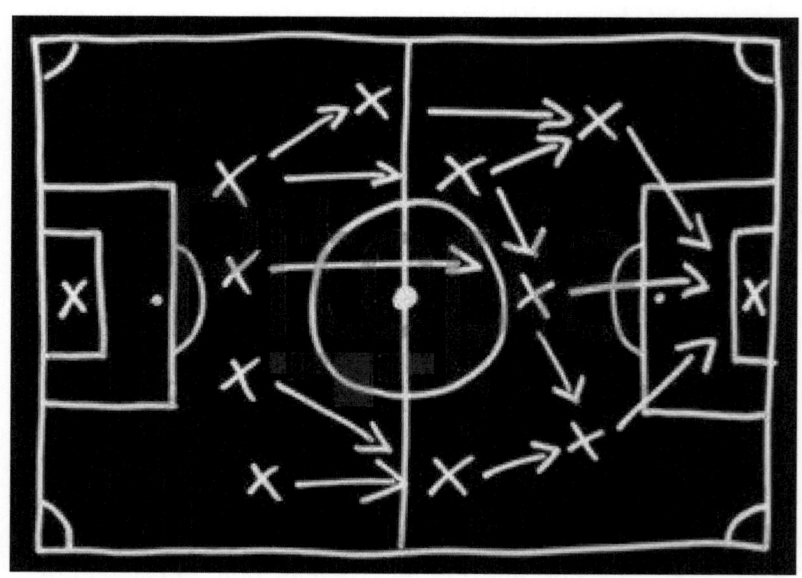

Britische Premiere League als Blaupause

Die Vereine der sehr kommerziell ausgerichteten europäischen Profi-Ligen, wie die britische Fußball Premiere League oder die deutsche Bundesliga, sind Woche für Woche ein anschauliches Beispiel für das professionelle Zusammenspiel unterschiedlicher Interessengruppen. Dabei haben Stürmer (Vertrieb, Logistik), Mittelfeld (Produktentwicklung, Fertigungssteuerung, Einkauf), Verteidiger (Produktion, Lager), Torwart (Controlling), geführt vom Trainer/Manager (COO), ein gemeinsames Ziel. Es besteht darin, dem Verein (CEO, CFO) und den Zuschauern (Kunden) ein erfolgreiches Produkt zu verkaufen und dabei Gewinne zu erzielen.

- Was aber tun viele Unternehmen aus Industrie oder Dienstleistung? Einem Beobachter drängt sich auf, dass sie für externe Kunden vieles (alles) tun, für interne nichts oder nur sehr wenig. Für interne Kunden ist das Zusammenspiel unterentwickelt und stark verbesserungsbedürftig. Daher stellt sich die Frage: Weshalb werden „interne" Kunden nicht gleichrangig wie externe Kunden gesehen und behandelt?

- Gibt es – aus Sicht des Unternehmens – überhaupt interne Kunden und interne Lieferanten, und wie geht man als Unternehmer/Führungskraft und als Mitarbeiter und Kollege mit ihnen um?

Im Grunde bestünden folgende Voraussetzungen dafür, einen Blick für eine produktive „Kundenbeziehung" zu werfen:

- Ich fühle mich verantwortlich für eine gewinnorientierte Organisation/Unternehmung und betrachte Kunden nicht als Störfaktor meiner internen, kostenoptimierten Abläufe.

- Mein Unternehmen ist im Wettbewerb mit vergleichbaren Organisationen /Unternehmen.
- Ich besitze keine Monopolstellung mit meinen Produkten/Dienstleistungen.
- Ich kenne die Bedürfnisse meiner Ziel-Kunden sehr genau.
- Ich arbeite nicht in einer Regierungs-/Behörden-Organisation.

Falls Sie die genannten Voraussetzungen erfüllen, dann lesen Sie bitte weiter. Falls nicht, danke für die Zeit, die Sie sich bis hierher genommen haben.

Der interne Kunde / Lieferant – keine Selbstverständlichkeit

Das folgende fiktive Statement eines Unternehmers bzw. einer Führungskraft an die Belegschaft entlarvt einen immensen Handlungsbedarf:

„Wer als Mitarbeiter keinen Kunden hat, ist überflüssig. Wissen Sie eigentlich, wer Ihr Kunde ist?“

In der Praxis hat sich nach dem Stellen dieser Frage meist zunächst ein großes Schweigen ausgebreitet. Dann kamen schnell die folgenden Antworten: *„Mein Vorgesetzter ist mein Kunde“*, oder „*Ich habe keinen Kunden, da ich nicht im Vertrieb arbeite.“*

Beide Antworten sind entlarvend und zeigen die vorherrschende Denkrichtung im Unternehmen, denn jeder Mitarbeiter, auch ein Manager, hat „Kunden“. Die Herausforderung besteht darin, diesen zu erkennen und entsprechend zu behandeln:

„Ein interner Kunde ist eine Person/ Abteilung/ Business Unit, die einen Mehrwert von meiner Leistung/ Qualität hat bzw. erwartet als Basis, um ihre eigene Leistung/ Qualität erbringen zu können.

Als Kettenmitglied meiner internen Abläufe dient der interne Kunde dazu, als Unternehmer Gewinn zu erzielen, um auch zukünftig für Marktveränderungen bereit und gut aufgestellt zu sein."

Es entspricht fast dem Erklären des kleinen Einmaleins der Unternehmensführung, doch in der Praxis ist es keine Selbstverständlichkeit, Managern und ihren Teams die Voraussetzungen für kundenorientiertes Denken und Handeln nahe zu bringen:

- Ich muss als Unternehmer/Führungskraft zunächst definieren, welche Ziele die jeweiligen Abteilungen/Bereiche meiner Organisation/Unternehmung erfüllen sollen – im Sinne der Unternehmenszielsetzung.

- Habe ich überhaupt eine (aktuelle) Unternehmenszielsetzung und habe ich diese meiner Organisation vollumfänglich (nicht nur ausgewählten Personen) zugänglich gemacht?

Die Frage der internen Kunden-Lieferanten-Beziehung wird oft und gerne als selbstverständlich und als Form der Zusammenarbeit beantwortet. Dabei ist dies nicht selbstverständlich und wird durch die tägliche Praxis auch immer wieder als „nicht-selbstverständlich" entlarvt.

Ein weiteres – immer wieder vorzufindendes Thema – ist das der „Interessenskonflikte“ zwischen einzelnen Bereichen im Unternehmen. Es stellen sich die Fragen:

- Weshalb kommt es zwischen Vertrieb/ Fertigungssteuerung / Produktion / Einkauf / Produktentwicklung und Lager / Logistik immer dazu?
- Weshalb haben die genannten Parteien überhaupt unterschiedliche Interessen?
- Weshalb blicken sie auf kein gemeinsames Unternehmensinteresse?

Auch hierbei wird, nicht zuletzt durch abteilungsgerichtete KPIs, das „Silo-Denken“ befeuert. Künstlich werden dadurch Gräben ausgehoben. Statt Gemeinsamkeit herrscht eher ein Gegeneinander, verkauft zum gemeinsamen Unternehmensziel – das ist schon paradox.

Damit hängt die Frage zusammen, weshalb Mitarbeiter und Führungskräfte nicht im Verhältnis zum Unternehmensergebnis vergütet werden? Der Lösungsansatz stellt eine komplexe Aufgabenstellung dar, die eine bedarfsgerechte, kundenorientierte Herangehensweise verlangt, und sehr viel Fingerspitzengefühl erfordert bzw. notwendig macht.

Voraussetzungen sind auch hier:

a. Sie sind bereit, kritisch und (wirklich) ergebnisoffen.

b. Sie sind bereit, beim „gewaschen werden“ durchaus auch „nass zu werden“.

c. Sie als Unternehmer und Führungskraft „gehen voran“.

d. Sie haben den Mut, die Zuversicht und das Vertrauen, dass Ihre Organisation Veränderungen im Sinne des Unternehmenserfolgs gutheißt und auch (endlich!) bereit ist, umzusetzen.

Sie werden Dinge in Ihrem Unternehmen erkennen, die Sie nicht für möglich gehalten haben.

Beispiel: Beteiligung am EBITDA

Als ein Beispiel einer erfolgreichen Führung mit äußerst wenig KPIs dient die Beteiligung der zweiten Führungsebene am EBITDA („earnings before interest, tax, depreciation, and amortization“, also das Ergebnis vor Zinsen, Steuern, Abschreibungen auf Sachanlagen und auf immaterielle Vermögensgegenstände). In bereits genannter Funktion als Werkleiter für zwei Produktionsstandorte hatte ich mit Einheiten mit jeweils eigener Betriebsergebnisrechnung zu tun. Jeder der 20 Standorte in Deutschland konnte auf eine monatliche, detaillierte P&L-Soll/ IST-Betrachtung des Erfolgs zurückgreifen. Zusätzlich lag der Kostenstellenbericht vor. Die Gehaltsfindung von Werkleitung und der darunter angesiedelten Führungsebene (Customer Service Center, Produktion, Instandhaltung, Lager / Versand, kaufmännische Leitung) bestand aus einem Grundgehalt sowie einer erfolgsabhängigen Vergütung anhand des Plan-EBITDA zum Jahresbeginn.

Aufgrund der Prämienordnung erfolgten monatliche Abschlagszahlungen mit quartalsweisen Abrechnungen, wobei die Abschlagszahlungen als Minimum galten. Zurückgezahlt werden musste nicht. Nach Vorliegen des Jahresergebnis des gesamten Unternehmens erfolgte eine Gratifikationszahlung nach

Maßgabe der Gesellschafter. Weiterhin bestanden lediglich folgende KPIs:

- Kunden-Reklamationsquote (Rückvergütungen an Kunden als Bestandteil der Erlös-Schmälerung),
- Gesamt-Qualitätskennziffer der zur Auslieferung anstehenden Produkte,
- Nutzungs-Grad der produzierenden Maschinen und Anlagen,
- Proportionale Herstellungskosten je Standort.

Das Betriebsergebnis und die KPIs wurden monatlich mit allen Führungskräften erörtert und es wurden Maßnahmen festgelegt. Durch die anschließende Kommunikation in die jeweiligen Fachbereiche war sichergestellt, dass ein gemeinsames Unternehmensziel fortlaufend im Vordergrund stand.

Individuelle Abteilungsziele folgten ausschließlich dem übergeordneten Unternehmensziel.

Beurteilungs-Lohnsystem für gewerblich Beschäftige

Basis des Beurteilungs-Lohnsystems war eine Betriebsvereinbarung zwischen AG und Betriebsrat über die Entlohnung von gewerblichen Arbeitnehmern. Hierbei wurde allen gewerblich Beschäftigten ein übertariflicher „Geldtopf“ in Form einer Beurteilungssystematik zur Verfügung gestellt, um fachliche und persönliche Leistungsanreize zu schaffen. Die Beurteilung erfolgte jährlich durch den jeweiligen betrieblichen Vorgesetzten (Meister, Schichtführer) anhand von zehn Beurteilungsmerkmalen mit dem Vorteil, dass diese sich mit ihren Mitarbeitern sowohl fachlich als auch persönlich auseinandersetzen mussten. Die Führung veränderte sich von autoritär hin zu kooperativ. Gleichzeitig konnte die Mitarbeiter-Motivation mehrheitlich in Richtung Unternehmenszielsetzung verschoben werden, da sich diese untereinander verglichen.

Im Ergebnis wurde die Kommunikationswilligkeit, sowohl untereinander als auch in Richtung Vorgesetzten, hinsichtlich betrieblicher Verbesserungsvorschläge und damit weniger Störanfälligkeit der technischen Anlagen sowie der Abläufe in Lager und Logistik, deutlich gesteigert.

Letztendlich entwickelte sich eine höhere Identifikation mit dem Unternehmen, Fehltage konnten reduziert werden, die Qualitätsziffer und damit auch die Kundenreklamationen wurden reduziert, das Betriebsklima und der Zusammenhalt durch die Transparenz der Entlohnungs-Systematik verbesserten sich. Schlussendlich konnte das Betriebsergebnis gesteigert werden. Für eventuelle Streitfälle aus der Beurteilung trat ein Schlichtungs-Gremium aus Werkleitung, beurteilendem Vorgesetzten und Betriebsratsvorsitzenden zusammen.

Die beiden Komponenten der Beteiligung am EBITDA und die Beurteilungs-Vergütung wurden von mir in zwei Unternehmen eingeführt. Der Arbeitsaufwand, insbesondere die Kommunikation mit den Führungskräften vor der Einführung und nach der ersten Testbeurteilung sowie nach erfolgter Real-Beurteilung, ist hoch.

Sie stellen jedoch eine Erfolgsgeschichte mit nachhaltiger Wirkung dar und sind auf andere Organisationsformen übertragbar.

Vorgesetzten-Beurteilung

Die Vorgesetzten-Beurteilung stellt eine Situation mit einer besonderen Herausforderung dar. Lange Zeit ist dieses Feedback-Instrument hinterfragt worden, da es das traditionelle Rollenverständnis (Top-down-Verfahren) durchbricht und Führungskräfte in ihrem Machtprivileg einschränkt. Eine Abhängigkeit von den Mitarbeitern kann entstehen, die jetzt in die Lage versetzt werden, ihrem Chef ein „Zeugnis“ auszustellen, und nicht nur andersherum, wie es bislang der Fall war. Im Zuge der partizipativen Führung hat sich indes die Rolle der Führungsperson an sich geändert, die heute vielmehr als Berater und Teamplayer angesehen wird, und Werte wie partnerschaftlicher Umgang und teamorientiertes Arbeiten stehen im Vordergrund.

Somit sollen *nicht* Personalauswahl und Kontrolle das Hauptziel der Vorgesetztenbeurteilung sein, sondern die Verbesserung der Führungsbeziehungen bzw. der Kommunikation zwischen Vorgesetzten und Mitarbeitern. Anlass für ein Feedback kann ein schlechtes Betriebsklima oder Kritik seitens der Mitarbeiter zur Führung sein, oder ein Soll-Ist-Vergleich der selbst auferlegten Führungsleitlinien des Unternehmens.[30]

Mental starke Führungskräfte haben auf diese Weise die Möglichkeit, ein „offizielles“ Feedback über ihr Führungsverhalten zu erhalten, falls sie das durch den Umgang im Rahmen der täglichen Arbeit nicht bereits wissen, oder zumindest ahnen, da sie eine Wirkung bereits in ihrem Führungsverhalten bedacht haben.

Schwache, autoritäre Führungskräfte, die vor allem aufgrund ihrer Funktion und nicht aufgrund ihrer Persönlichkeit führen, können eine Beurteilung zwar nicht verhindern, jedoch muss in diesen Fällen bei dem Feedback-Gespräch mit dem Vorgesetzten des Beurteilten bzw. mit dem Personalleiter kritischer auf das Ergebnis geachtet werden. Es besteht die Gefahr, dass die Beurteilten hier stark vom Führungsverhalten beeinflusst sind, deshalb Angst vor Konsequenzen haben und somit nicht objektiv beurteilen.

Anwendungsvoraussetzungen

Die gewünschten Resultate eines Instrumentes sind neben den Gestaltungsparametern zudem von den jeweils gegebenen Handlungsbedingungen, also der Anwendungssituation, abhängig.

Bei der Durchführung bzw. der konkreten Ausgestaltung der Vorgesetztenbeurteilung müssen neben den allgemeinen Gütekriterien Objektivität, Verlässlichkeit und Validität folgende methodische Kriterien beachtet werden:

- Relevanz: Die Informationen müssen für das Vorgesetztenverhalten von Bedeutung sein.
- Verständlichkeit und Begrenzung: Der Vorgesetzte muss die Informationen verstehen können, und ihr Umfang darf nicht über seine Aufnahme- und Verarbeitungskapazität hinausgehen.
- Verifizierbarkeit: Die Aussagen müssen nachprüfbar sein.
- Beeinflussbarkeit: Die Feedback-Aussagen müssen im Wirkungsbereich des Vorgesetzten liegen, damit er auf sie Einfluss nehmen und sein Verhalten ändern kann.

- Vergleichbarkeit: Der Vorgesetzte muss seine Beurteilung anhand von vergleichbaren Kollegen oder vorgegebenen Standards einordnen können.

- Offenheit: Die Feedback-Aussagen stellen nicht das Ende, sondern den Beginn von Entwicklungsprozessen dar.

Das letztgenannte methodische Kriterium stellt eine sehr wichtige Anwendungsvoraussetzung dar. „Die Mitarbeiter nehmen an der Vorgesetzteneinschätzung mit der klaren Erwartung teil, dass ihr Input konkrete Auswirkungen auf die Verbesserung der Beziehungen am Arbeitsplatz zufolge haben wird.

Ein Praxistipp: Die Vorgesetztenbeurteilung wird als sinnlos angesehen, wenn nach der Resultatbekanntgabe, die für beide Seiten einzusehen ist und erläutert werden muss, keine erkennbaren Maßnahmen zur Verbesserung ergriffen werden. Das gilt auch, wenn der Vorgesetzte keine Offenheit gegenüber Kritik signalisiert. Darunter leidet die Akzeptanz des Instrumentes, die wiederum sehr wichtig für die Anwendung ist. Sie kann gesteigert werden durch eine weitere Bedingung: Die frühzeitige Information und Einbindung der von der Beurteilung Betroffenen. Ziele, Hintergründe, Abläufe und Konsequenzen müssen offen dargelegt werden, damit Mitarbeiter zu einer ehrlichen Beantwortung bereit sind und auch die Vorgesetzten ihren Vorteil erkennen können.

Um den Mitarbeitern eine Orientierung zur Beurteilung des Führungsverhaltens zu geben und um der Unternehmensleitung eine Kontrolle über den Ist-Zustand zu ermöglichen, ist es zudem sinnvoll, von Seiten der Unternehmensleitung Führungsleitlinien einzuführen und die Unternehmenskultur zu vermitteln. Anhand des Führungsstils lässt sich erkennen, ob eine Vorgesetztenbeurteilung Erfolg haben wird. In der Praxis hat sich gezeigt, dass ein kooperativer Führungsstil die Personalpolitik beim Einsatz des Instrumentes unterstützt.

Praxistipp: Bei kleineren Betrieben wäre eine standardisierte Vorgesetztenbeurteilung mittels Fragebogen zu aufwendig und würde nicht der Unternehmenskultur entsprechen. In solchen Betrieben ist es selbstverständlicher, das direkte Gespräch mit dem Vorgesetzten zu suchen, zumal eine Anonymität nur eingeschränkt gewährleistet werden kann.

Zu beachten ist, dass diese „Selbstverständlichkeit“ eine mental starke, kritikfähige Führungskraft voraussetzt. Gerade bei den eingangs beschriebenen, schwachen Führungskräften fordert das direkte Gespräch mit dem Vorgesetzten deutlich mehr Mut auf Seiten der Belegschaft. Weder eine Personal-Entwicklungs-Abteilung noch ein Betriebsrat können hierbei unterstützend mitwirken. Daher diese Botschaft:

Liebe Geschäftsführer / Geschäftsführende Gesellschafter in Klein-Unternehmen:

Ihre Leistung des Aufbaus und der Führung Ihres Unternehmens bis hierher ist unbestritten. Im Laufe dieser Jahrzehnte haben sich nicht nur Ihre Märkte, sondern auch die Motivation Ihrer Mitarbeiter verändert. Technik alleine reicht daher nicht mehr aus, um auch weiterhin bestehen zu können. Sie spüren doch bzw. wissen es bereits, „dass Sie nicht mehr so richtig ankommen“.

Setzen Sie Ihr Lebenswerk nicht aufs Spiel und gestehen Sie sich ein, dass Ihre bisherigen Methoden der Führung nicht mehr die Wirkung haben, die Sie gewohnt sind. Treten Sie zurück und sorgen Sie für eine geordnete Nachfolgeregelung. Ihre Zeit ist einfach abgelaufen. Aber treten Sie wirklich zur Seite und versuchen nicht noch irgendwie „mitzumischen“ aus Stolz und Eitelkeit „ohne Sie ginge es nicht“.

Es tut es!

Hören Sie auf zu jammern, dass die Einstellung „der heutigen Generation nicht mehr das ist, was sie einmal war“. Das Problem sind nicht Ihre Mitarbeiter, die Sie übrigens selbst mal eingestellt haben, sondern dass Problem sind Sie selbst. Sie selbst haben sich nicht weiterentwickelt und sind stehen geblieben. Geben Sie Ihrem (Ex)-Unternehmen die Chance, sich neu aufzustellen und auch weiterhin Bestand zu haben.

Ihr Image und Ansehen in Ihrem privaten Umfeld, wo Ihre Mitarbeiter auch leben und über Sie und ihren Arbeitgeber reden, finden eine höhere Anerkennung, wenn Sie einen sauberen Übergang hinbekommen haben.

Resümee

Dieser Beitrag mag von einigen Lesern als subjektiv, oberflächlich, unvollständig, ausschnitthaft, nicht-wissenschaftlich oder provokativ empfunden werden. Genau das war die Absicht. Es ging um Anstöße für ein „Sichtbar-Machen“ von dem, was häufig in Menschen vorgeht, was sie denken – und was eine erfahrene Führungskraft so denkt und empfindet. Ich tat das aus der Perspektive einer Führungskraft, die viele Unternehmen aus externer Perspektive gesehen hat und dabei so manches Mal hinter die Kulissen – auch die der Menschen – hat schauen dürfen.

Dafür bin ich dankbar und kann vielen Unternehmern, Führungskräften und ihren Teams durchaus ein Kompliment für exzellente Arbeit machen. Doch gerade das gemeinsame Bemühen um noch höhere Exzellenz erfordert klare und offene Worte. Um nicht ganz so hart zu sein, habe ich versucht, einige Aspekte in Form von Fragen sichtbar zu machen. Wenn ich für manchen Geschmack doch überzogen habe und dazu die eine oder andere sehr persönliche Formulierung oder einen auf den ersten Blick recht überraschenden Gedanken, eine Erfahrung aus der eigenen Praxis oder eine Analogie aus dem persönlich-privaten Bereich in den Raum gestellt habe, möge man mir das nachsehen.

Eine zentrale Aussage lautet: Gerade das Wissen um das Nicht-Vordergründige und den Mut zum Handeln und zur Veränderung ist das, was den Erfolg in der Praxis ermöglicht. Das Umgehen damit vervollkommnet und perfektioniert eine wirklich erfolgreiche und akzeptierte Führungskraft – über eine formelle Ausbildung hinaus – und lässt sie weiter wachsen. Somit zum Abschluss noch ein paar Gedanken:

Angst und Vertrauen

Fühlen sich Führungskräfte ängstlich oder erleben sie den anderen als Risiko, dann versuchen sie, seine Handlungen vorhersehbar zu machen und die Enttäuschungswahrscheinlichkeit zu minimieren. Der angstgeöffnete Weitwinkel sucht sonst sein Heil in der Kontrolle. Solche Führungskräfte überziehen ihre Umwelt mit einem Netz an Sicherungsaktivitäten, führen Reporting-System mit immer mehr KPIs ein und überwachen alles und jeden. Das war der Ausgangspunkt dieses Beitrages. Das Ideal heißt dann: *„Alles im Griff!“* Und die Bürokratie wuchert. Angst wird in diesem Fall jedoch zum trojanischen Pferd der Transaktionskosten.[31]

Energische Schritte in die Richtung einer Vertrauenskultur gehören zur systematischen Kernaufgabe der Führung. Aber wer wagt und geht sie? Wer ist bereit, die Kontrollsysteme angemessen, überlegt und differenziert zurückzufahren? Die Antwort lautet: nur Menschen mit einem ausgeprägten Selbstvertrauen! Ein Gedanke aus dem privaten Bereich des Heiratens als persönliche Randnotiz:

Eine Trennung, bestenfalls von Ihnen initiiert, ist kein Scheitern. Sie zeigt konsequentes Handlungsbewußtsein und die Bereitschaft, unbekannte Risiken einzugehen, die Sie zu Beginn nicht überschauen, da Sie wenig Erfahrungen damit haben. Das Ganze stärkt letztendlich Ihr Selbstvertrauen. Führungskräfte, die auch oder sogar gerade im privaten Umfeld gelernt haben, nach einem Fall wieder aufzustehen, werden beruflich meist weniger Kontrollsysteme benötigen.

Lernen Sie, auch bei Überraschungen gelassen und voller Vertrauen zu bleiben. Entwickeln Sie die Fähigkeit, mit dem Unerwarteten umzugehen und zu tun, was eine ungeplante Situation erfordert. Wenn etwas nicht klappt, behalten Sie die Fassung, denn Sie verfügen über ein verlässliches Vertrauen in die eigenen Fähigkeiten und nicht zuletzt in die Fähigkeiten ihres Umfeldes. Sie wissen, dass Sie im Falle eines Vertrauensbruchs mit der Situation fertig werden. Sie sind „risikomündig“. Risikomündigkeit hat die Illusion hinter sich gelassen, „alles im Griff“ zu haben und die Umwelt kontrollieren zu können.

Das Ergreifen von Kontrollmaßnahmen (und damit komme ich nochmals auf das Thema der KPIs zurück) wird Kontrollumgehungen provozieren, wodurch sich das Misstrauen noch verstärkt, und eine Misstrauensspirale in Gang setzt. Manager mit geringem Selbstvertrauen können nicht damit leben, dass es in jeder Organisation eine *kriminelle Grundlast* von etwa fünf Prozent gibt. Weil sie nichts verlieren wollen, gewinnen sie nichts – und erschaffen bürokratische Monster. Hören Sie auf, sich selbst zu täuschen und zu belügen.

Selbst denken und Unternehmer sein

Dem aufmerksamen Leser wird nicht entgangen sein, dass einige der in diesem Beitrag beschriebenen organisatorischen Tipps und Führungsmaßnahmen nicht neu oder gar von mir erfunden wurden. Bereits Anfang der 1990er-Jahre wurde, getrieben durch Personal-Entwicklungsabteilungen sowie Management-Literatur (zum Beispiel Reinhard K. Sprenger, Eileen C. Shapiro), ein Trend im Mittelstand in Gang gesetzt, um die hierarchischen Strukturen der 1960er bis 1980er Jahre abzulösen. Zu meinem Bedauern konnten sich diese aber nicht vollumfänglich durchsetzen. Ein neuer Trend zu immer mehr Kontrollmechanismen (KPIs), getrieben durch Beratungshäuser wie McKinsey, Roland Berger und andere setzte eine Spirale des Misstrauens erst richtig in Gang. Wie die Lemminge, auf der Suche nach einem Guru, der ihnen die eigene Denkarbeit abnimmt, galt es als schick, diesen „Automatik-Modus-Garantie-Vorschlägen" hinterherzulaufen. Abstimmungs-Meetings jagen sich gegenseitig.

In der Folge wurde eine Heerschar von Nicht-Unternehmern in maßgeblichen C-Level Positionen im Angestelltenverhältnis aufgezogen. Das umfasste auch viele Beteiligungsgesellschaften, bei denen sich viele formell gut ausgebildete Menschen sammelten – etliche jedoch mit massiver Entscheidungs-Unfähigkeit, mangelhafter Menschenkenntnis und mit dem Bedürfnis, Kontrolle und Macht auszuüben. Das hat dazu beigetragen, dass so manche Führungsteams und Mitarbeitende innerlich nur noch Dienst nach Vorschrift machen und nicht mehr bereit sind, sich über ein notwendiges Maß hinaus zu engagieren oder sich als Nachwuchstalent nicht mehr für Führungsaufgaben in Unternehmen zu interessieren und qualifizieren zu wollen.

Reduzieren sie Ihre KPIs auf ein „für Sie" passendes Minimum! Denken Sie selbst! Haben Sie den Mut dazu!

Literaturverzeichnis zu diesem Beitrag

„Trendsurfen in der Chefetage", Eileen C. Shapiro, Campus Verlag, 1996, ISBN 3-593-35541-8

„Radikal Führen", Reinhard K. Sprenger, Campus Verlag, 2015, ISBN 978-3-593-50449-0

„Das Prinzip Selbstverantwortung", Reinhard K. Sprenger, Campus Verlag, 1996, ISBN 3-593-35278-6

Die Rolle des CIO bei der Digitalisierung im Maschinenbau

Falk Janotta, Falk Janotta Unternehmensmanagement und Geschäftsführer der intelliExperts GmbH

Abstract

Die Rolle des Chief Information Officers (CIO) ist seit jeher Gegenstand der Diskussion. Ich bin seit 1979 in der IT tätig, es hat sich in dieser Hinsicht nicht viel geändert. Der Diskurs wird nicht selten dogmatisch und ideologisch geführt. Das Spektrum reicht vom Dienstleister, der auf Fingerschnipp des Managements zu liefern hat, bis zum proaktiven Treiber der digitalen Transformation als Mitglied des Vorstandes.

Rein sachlich betrachtet geht es bereits seit dem frühen Mittelalter darum, Arbeiten zu vereinfachen und Abläufe – wir nennen das heute Prozesse – zu vereinfachen. Warum? Um Zeit zu gewinnen für die wesentlichen Dinge des Lebens. Welche das sind, definiert jeder Mensch individuell für sich.

In diesem Beitrag geht es nicht nur um die Rolle des CIO, sondern auch darum, warum sich die Zielsetzungen des Einsatzes neuer Technologien, in diesem Fall von Informationstechnologie, über viele Jahrhunderte nicht geändert haben und sich auch in der Zukunft nicht ändern werden.

Es geht um Strategien, egal, ob Unternehmensstrategie, IT-Strategie oder Digitalstrategie. Was ist das eigentlich? Braucht man sie überhaupt noch in dieser schnelllebigen Welt?

Es geht um die Umsetzung von Projekten. Es geht um Veränderungen, die erfolgreiche oder auch weniger erfolgreiche Umsetzungen bewirken. Denn auch nicht erfolgreich umgesetzte Projekte bewirken Veränderungen.

Last but not least geht es um die Erkenntnis, dass all die Buzzwords, die in den Medien auftauchen und von Unternehmensberatungen gepusht werden, mit Sachlichkeit, Nüchternheit und ohne Euphorie im Kontext des eigenen Unternehmens, Marktes und Wettbewerbs betrachtet werden müssen. Um zu einer Entscheidung zu kommen, die das eigene Unternehmen wirklich weiterbringt.

Dieser Beitrag richtet sich an alle Entscheider, die Verantwortung für die Ausrichtung ihres Unternehmens auf die Zukunft tragen. Und an alle Manager, die sich nicht von Buzzwords, Medienberichten, Ideologien und Dogmen in die Enge treiben lassen, sondern besonnen und unter Abwägung von Vor- und Nachteilen, Risiken und Kosten ihre Entscheidungen treffen.

Die Reise der Digitalisierung begann bereits im 17. Jahrhundert

Als der Tübinger Professor für Mathematik, Astronomie und Hebräisch, Wilhelm Schickhardt, die erste mechanische Rechenmaschine baute, ahnte er sicher nicht, dass er damit die Keimzelle der uns heute bekannten Entwicklungen wie Digitalisierung, Künstliche Intelligenz, lernende Maschinen, autonom fahrende Autos oder das Metaverse schuf. Es war die erste urkundlich erwähnte Rechenmaschine mit Zahnradgetriebe. Sie hatte einen automatischen Zehnerübertrag; Multiplikation und Division waren sehr umständlich. Man musste bei der Multiplikation die Teilprodukte mit Hilfe von Neperschen Rechenstäben [1] bestimmen und sie dann in das sechsstellige Summierwerk zum Addieren eingeben. Das einzige vollendete Exemplar ist in den Wirren des Dreißigjährigen Krieges verschollen, eine zweite Ausführung, die Schickard für seinen Freund Johannes Kepler in Auftrag gegeben hatte, wurde bei einem Brand vernichtet.

Diese Keimzelle wäre wohl nicht über dieses Stadium hinausgekommen, hätten nicht Blaise Pascal 1644/45 und Gottfried Wilhelm Leibniz 1673 ihre jeweiligen Entwicklungen von mechanischen Rechenmaschinen vorgestellt. Bemerkenswert, weil sehr zukunftsweisend, ist folgendes Zitat von Leibniz: „Es ist unwürdig, die Zeit von hervorragenden Leuten mit knechtischen Rechenarbeiten zu verschwenden, weil bei Einsatz einer Maschine auch der Einfältigste die Ergebnisse sicher hinschreiben kann.“[32]

Vom Anfang des 18. Jahrhunderts bis Mitte des 19. Jahrhunderts entwickelten Mathematiker, Astronomen, Mechaniker, Uhrmacher, Instrumentenbauer, Pfarrer und Erfinder aus Deutschland, Frankreich, Österreich und Polen unabhängig voneinander weitere Rechenmaschinen, die alle eines gemeinsam hatten: Konstruktion und Fertigungstechnik dieser Zeit

---

[1] Nepersche Rechenstäbe, auch „Bacilli Neperiani oder „Virgulae numeratrices“ genannt, nach John Napier oder Neper benannte vierkantige Rechenstäbe, die zur Multiplikation eines mehrstelligen Faktors mit einem einstelligen benutzt wurden. Jede Seitenfläche eines Stabes enthält untereinander das kleine Einmaleins für die im obersten Feld stehende Zahl. Zehner- und Einerstellen werden in jedem Feld durch einen diagonalen Strich getrennt. Bei einer Multiplikation wird stets der Zehner der niederen Stelle zum Einer der nächsthöheren addiert. (Quelle: https://www.spektrum.de/lexikon/mathematik/nepersche-rechenstaebe/7311)

erlaubten keine Serienfertigung. Es gab allerdings dafür weder einen Bedarf noch einen Markt. Damals kannte man noch keinen Zeitdruck oder Arbeitskräftemangel.

Der Franzose Charles Xavier Thomas (1785 bis 1870) begann um 1850 mit der Serienproduktion, die allerdings nicht wirtschaftlich war. Dadurch waren Rechenmaschinen verfügbar und es entwickelte sich langsam auch ein Markt für numerische Berechnungen. So konnten Unternehmen erstmals wöchentlich oder gar täglich bilanzieren, Ingenieure konnten neben dem Rechenschieber auch algebraische Verfahren anwenden.

Um 1900 gab es mehrere Firmen, die ausschließlich Rechenmaschinen herstellten. Es entwickelte sich ein florierender Markt für Rechenmaschinen. Als Krönung der Entwicklung der mechanischen Rechenmaschinen gilt die Taschenrechenmaschine Curta des österreichischen Ingenieurs Curt Herzstark. Sie wurde von 1947 bis 1970 in Liechtenstein durch die Firma Contina AG in hohen Stückzahlen hergestellt.[33]

Mit der Entdeckung der Elektrizität wurden mechanische durch elektromechanische Rechenmaschinen ergänzt und abgelöst. Die Autarith von Alexander Rechnitzer war 1906 die erste elektrisch angetriebene, vollautomatische Rechenmaschine. Das Ersetzen von Handkurbeln und -hebeln durch einen Elektromotor bedeutete eine erhebliche Zeit- und Kraftersparnis, aber auch noch mehr Lärm. Die weitere Entwicklung zielte auf programmgesteuerte Rechenmaschinen, wie sie zuerst von Konrad Zuse realisiert wurden und daraufhin als Computer immer bedeutendere Anwendungen fanden.[34]

Der nächste Schritt war die Entwicklung der Buchungsmaschine, die Unternehmen weitere bedeutsame Erleichterungen und mehr Genauigkeit brachten. Die Buchungsmaschine ist ein

Gerät, mit dem sich Geschäftsvorfälle nach Belegen maschinell saldieren lassen. Sie entwickelte sich ab den 1930er Jahren aus der Kombination von Schreibmaschine und Rechenmaschine und wurden bis in die 1980er Jahre produziert und verwendet.[35]

Die Möglichkeiten und der Funktionsumfang variierten stark, und über die Zeit hinweg wurden die Maschinen immer weiter entwickelt und die Komplexität nahm stetig zu. Die Anforderungen zur elektronischen Speicherung und Verarbeitung von Daten stiegen und es entstand mit dem Magnetkonten-Computer eine völlig neue Art von Buchungsmaschinen, welche ein spezialisiertes Computersystem aus der mittleren Datentechnik darstellte.

1936 begann Konrad Zuse in der Wohnung seiner Eltern mit der Konstruktion programmgesteuerter Rechenmaschinen auf Relaisbasis und verwirklichte 1938 mit seinem Rechner Z1 erstmals das Gleitkommaprinzip. Zuses Z3 1941, die ENIAC 1946, die EDSAC in Großbritannien und weitere Rechner in Kombination mit Programmiersprachen leiteten die rasante Entwicklung der Elektronischen Datenverarbeitung (EDV) ein, die wir heute als Informationstechnologie (IT) bezeichnen.[36]

Ich habe das Programmieren 1979 mit Lochkarten gelernt. Das Loch in einer Karte repräsentierte den Wert 1, kein Loch in der Karte bedeutete 0. Großrechner wie auch heutige Supercomputer verstehen nur Nullen und Einsen, also das Binärsystem. Alles, was mit Computern auf Basis von Programmen gemacht wird, beruht auf diesem Prinzip. Das ist die Grundlage für alles, was heute Digitalisierung genannt wird. Es ist also nichts wirklich Neues. Neu sind die technischen Möglichkeiten im Bereich weltweiter Netzwerke (Internet), Speicherkapazitäten und Prozessoren mit bisher unbekannten Leistungsdaten.

Das erweitert die Möglichkeiten des Machbaren und regt die Phantasie kreativer Köpfe an, die Nutzungspotenziale für Unternehmen und die Menschen erkennen und verwirklichen.

Der CIO als Chamäleon

Wie beschrieben gibt es die Digitalisierung schon lange. Allerdings lassen sich viele Unternehmen heute leider durch intensive Medienberichte aufschrecken und in eine vorgegebene Richtung treiben.

Nehmen Sie folgende Schlagzeilen aus der jüngsten Vergangenheit:

Tagesschau: Bitkom-Studie: Digitale Aufbruchstimmung durch Corona (24.11.2021)[37]

Hier wird unter anderem suggeriert, dass die Nutzung des Homeoffice im großen Stil bereits Digitalisierung bedeutet.

ZDF: Hackertreffen des Chaos Computer Club (CCC): Die digitalen Baustellen im Gesundheitswesen (29.12. 2021)[38]

Digitalisierung wird hierbei beschrieben als digitale Impfzertifikate, die Luca-App und Tools für die Kontaktnachverfolgung.

Handelsblatt: Neue Bildungsministerin will schnelles Krisentreffen zum Digitalpakt (3.1.2022)[39]

Aus den Mitteln des Digitalpaktes werden Hardware und WLAN an Schulen sowie Laptops für Schüler und Lehrer finanziert. Digitalisierung steht in diesem Fall also für die Beschaffung von Hardware, WLAN und Laptops.

SZ: Digitalisierung bei der Arbeit: Die Bewerbung der Zukunft (10.12.2021)[40]

Digitale Recruiting-Formate wie Bewerbungsgespräche mit VR-Brillen (VR steht für Virtual Reality) sind die Zukunft, heute führen drei Viertel der von Bitkom befragten Firmen Bewerbungsgespräche als Videokonferenz durch und bezeichnen das als Digitalisierung.

Die ZEIT: An diese Welten werden wir glauben (29.12.2021)[41]

Computeranimationen, Avatare, der Einsatz von Drohnen, Volumes (Studio für virtuelle Produktionen) und Streaming nutzen die aktuellen Möglichkeiten der Informationstechnologie und werden Digitalisierung genannt.

Die Welt: Mit Digitalisierung gegen Krebs (29.9.2021)[42]

Mithilfe der künstlichen Intelligenz können bei einer Mammografie Mikroverkalkungen besser erkannt werden, als es ein menschliches Auge vermag, oder es kann der Weg einer Sonde zu einem verdächtigen Schatten auf der Lunge genauer geplant werden. Auch das ist ein Element der Digitalisierung.

n-tv: Mehr Druck durch Digitalisierung: Jeder achte Arbeitnehmer fürchtet um Job (25.10.2021)[43]

Zitat: „Die Digitalisierung soll Beschäftigte entlasten und die Arbeit erleichtern – zwölf Prozent fürchten aber wegen der Digitalisierung um den eigenen Job. Mit der größten Zukunftsangst blicken laut Umfrage der Wirtschaftsprüfungsgesellschaft EY Beschäftigte in der Banken-, Immobilien- und Versicherungsbranche auf die technologischen Veränderungen." Ist die Angst der Beschäftigten vor der sogenannten Digitalisierung berechtigt?

Es ist interessant, wie sich die öffentliche Berichterstattung auf vergleichsweise banale Themen wie HomeOffice, Videokonferenz oder Streaming unter der Überschrift „Digitalisierung" stürzt. Das meiste, was dort beschrieben wird, dient der naheliegenden Steigerung von Effektivität und Effizienz. Elektronische Datenverarbeitung hatte schon immer das Ziel, Arbeit zu vereinfachen und zu beschleunigen, auch genauere Ergebnisse zu erzielen. Das beweisen die bereits beschriebenen Entwicklungen der Rechenmaschine und der Buchungsmaschine.

Ich habe mich im Januar 2022 an einer Diskussion beteiligt, nachdem ich folgenden Beitrag gelesen habe, der meinen Widerspruch provoziert hat:

„Digitalisierung ist kein IT-Projekt. Digitalisierung ist kein IT-Projekt. Digitalisierung ist kein IT-Projekt. Digitalisierung ist kein IT-Projekt. Digitalisierung ist kein IT-Projekt. Digitalisierung ist kein IT-Projekt. Diesen Satz sollten wir öfters als nur einmal hören. Nur weil die IT-Abteilung das größte technische Know-how im Unternehmen hat, heißt es nicht, dass die Digitalisierung nur die IT betrifft. Die Digitalisierung betrifft alle Abteilungen. [...]"

Auf meinen Widerspruch kamen Äußerungen wie diese: „Digitale Transformation hat – etwas provokativ gesagt – fast gar nichts mit der IT-Abteilung zu tun. Alle anderen Abteilungen müssen ihre Prozesse auf den Tisch packen und neu gestalten/formulieren. Und dann kommt irgendwann die IT-Abteilung dazu. […]“ oder „[…] Der Wandel in digitale Kommunikationskanäle, Schnittstellen zu Kunden bis hin zu digitalen Produkten kann nicht mehr von den gleichen Menschen geleistet werden, die Hardware-Ressourcen provisioniert haben und internen Benutzern die Rechner installiert haben. Leider ist der Unterschied zwischen IT gleich Werkzeug und Digitalisierung gleich Unternehmenstransformation in vielen deutschen Firmen noch nicht angekommen, was uns zukünftig Wohlstand kosten wird, wenn wir nicht anfangen, aufzuholen.“

Welche Rolle spielen also die IT und der CIO? In der Vergangenheit wurden dem CIO sehr unterschiedliche Rollen zugeschrieben, je nach Entwicklungsphase der IT. Da war und ist die Rede vom „Enabler“, von „Commodity“, vom „Bindeglied zwischen IT und Business“, vom „Berater“, vom „Digitalisierer“, vom „Netzwerker“ und so weiter. Ich habe schon viele Male in den letzten 20 Jahren Diskussionen in CIO-Netzwerken geführt, wie sich die Rolle des CIO in Zukunft verändern wird, welche Aufgaben er künftig übernehmen muss. Das Magazin „CIO“ und die „Computerwoche“ haben dies auch regelmäßig thematisiert. Der CIO muss sich also permanent an seine Umgebung und an die jeweilige Situation anpassen. Wie ein Chamäleon.

Ich finde solche Titulierungen wie eben beschrieben wenig hilfreich. Viel wichtiger ist, dass der CIO oder auch der IT-Leiter festes Mitglied im Vorstand bzw. der Geschäftsführung sind. Dafür gibt es mehrere Gründe.

Erstens ist heute jedes Unternehmen ein IT-Unternehmen. Und zwar in dem Sinne, dass die Informationstechnologie der Treiber für die digitale Transformation ist. Wie uns der Vater von SAFe bereits sagte „In the Age of Digital, every business is a software business. […]“[44]

Damit das auch zu erfolgreichen Veränderungen und Projekten führt, muss der CIO an den strategischen Diskussionen und Entwicklungen der Unternehmensleitung aktiv mitarbeiten. Denn nur er kennt die neuen Möglichkeiten der Informationstechnologie, die seinem Unternehmen möglicherweise einen entscheidenden Wettbewerbsvorteil bringen kann.

Dabei ist es sehr erschreckend, dass gemäß dem „9. DAX-Vorstandsreport – Profile von DAX-Vorständen 2005 bis 2021" von Odgers Berndtson in den knapp 200 Vorständen der DAX-30-Unternehmen 2019 Informatiker nach wie vor kaum eine Rolle spielten. Und das ist auch heute noch so. Dagegen stieg der Anteil von Wirtschaftswissenschaftlern über die Jahre stetig an (2013: 52 Prozent, 2019: 61 Prozent). Das bedeutet, dass in den Führungsetagen deutscher Unternehmen das sogenannte *IT-savvy* fehlt, obwohl sich alle Unternehmen das Thema Digitalisierung auf die Fahnen bzw. die Websites und Marketingbroschüren schreiben.

In ihrem Beitrag im *Ivey Business Journal* hat Dr. Nicole Hagerty (Associate Professor an der Richard Ivey School of Business an der Western University in Ontario, Kanada) im Jahre 2012 wunderbar erklärt, warum Manager, die IT-savvy sind, immer noch selten sind, was IT-savvy ist und woran Sie erkennen können, ob Sie IT-savvy sind.[45]

Dr. Hagerty schreibt: „[...] IT savvy business leaders know something about technology and how to use it. This is not a technical skill in the sense that IT people have deep knowledge of their domain. In fact the domains of IT are ever expanding and growing deeper, requiring increasing specialization and the creation of new jobs. IT-savvy knowledge for business people is instead a basic understanding of broad classes of technologies, some knowledge of their evolution so that legacy systems in the firm can be appreciated (as in understood, not liked!), knowledge of how systems function to support business processes, an ability to scan the environment for new technologies and learn from reading business based descriptions of them and knowledge of various other crucial IT elements like data sources and integrity, security and privacy and risk management issues.

IT-savvy business leader behavior suggests that they directly engage in IT decision making, assume responsibility for extracting value from IT investments, encourage others to be appropriately trained to use or understand the technologies that underpin their business responsibilities, and actively break down mental and physical functional silos to engage in cross-enterprise IT innovation. Again, their behavior is not building IT, but seeing to actions that bring IT closer into the activities of the business on an everyday basis through direct involvement and not delegation.

Finally, IT savvy leaders put structure in place to create spaces for dialogue between IT experts and themselves. They create rewards, incentives and even job descriptions that explain and reinforce business people's everyday IT responsibilities. And ensure that they hire or train IT-savvy capabilities into their business ranks [...].“

Es ist demnach essenziell, dass die Manager in der Unternehmensführung und in den Fachbereichen sich so viel IT-Verständnis aneignen, dass sie mit dem CIO oder IT-Leiter sinnvolle und zielführende Gespräche über strategische Überlegungen und Pläne im Unternehmen führen können.

Umgekehrt muss der IT-Verantwortliche mehr Verständnis für das Geschäft seines Unternehmens, die Märkte, Mitbewerber und Trends aneignen. Erst dann kann er passende Vorschläge zur Nutzung der Informationstechnologie für Wettbewerbsvorteile, Umsatzsteigerungen, neue Märkte, neue Produkte oder Dienstleistungen machen. Informationstechnologie um der Informationstechnologie willen war noch nie eine gute Idee. Und wird es auch nie sein.

Der zweite Grund, warum der IT-Verantwortliche festes Mitglied in Vorstand oder Geschäftsführung sein muss, ist die nicht ausreichende Umsetzung von „Digitalisierungsprojekten" oder von anderen IT-Projekten, wenn die IT nicht von Anfang an in die ersten Gedanken und Ideen zu derart strategischen Themen eingebunden wird. Dann läuft es in der Regel so: Der IT-Leiter bekommt von seinem Chef, das ist meistens der CFO, den Auftrag zur Umsetzung des Projektes XYZ bis zum [hier wird ein willkürliches Datum genannt, das von der Unternehmensleitung festgelegt wurde]. Das ist in doppelter Hinsicht fatal. Zum einen fehlt eine präzise und detaillierte Anforderungsbeschreibung, zum anderen ist die Nennung eines Fertigstellungsdatums ohne Kenntnis der zu erwartenden Aufwände, der technischen Abhängigkeiten und sonstiger Imponderabilien eine völlig unnötige Gefährdung der Ergebnisqualität des Projektes.

Ich stelle immer wieder fest, dass genaue und detaillierte Anforderungen auf Basis der zu erreichenden Ziele nur unzureichend oder gar nicht erarbeitet werden. Wie soll die IT unter diesem Umständen ein Projekt so planen, dass sie verlässliche Parameter wie Aufwände (intern, extern), Kosten, Investitionen und einen Terminplan nennen kann? Als Folge muss der Projektleiter als erstes Workshops organisieren, um die Anforderungen gemeinsam mit der Unternehmensleitung und den Fachbereichen zu erarbeiten und aufzuschreiben.

Darauf aufbauend kann der Projektleiter eine Vorwärtsplanung erstellen und realistische Größen nennen, zu denen er als Verantwortlicher stehen kann. Ich habe noch nie erlebt, dass ein vorwärts geplanter Termin identisch ist mit dem von der Unternehmensleitung vorgegebenen.

Um das zu veranschaulichen, stellen Sie sich bitte vor, sie möchten gerne ein Haus bauen. Sie beauftragen einen Architekten und sagen ihm am 22. Januar, dass er Ihnen ein Haus mit zwei Etagen, sechs Zimmern, einer Doppelgarage und einem Keller bauen soll. Und das bis zum 30. November, damit Sie Weihnachten schon mit Ihrer Familie im neuen Heim feiern können.

Der Architekt wird Ihnen sehr viele Fragen stellen, bevor er den Auftrag annimmt. Er möchte Details zu den Zimmern (Größe, Schnitt, Anzahl Türen und Fenster, Größe der Fenster), zur Aufteilung der Zimmer (wo sind Wohnzimmer, Schlafzimmer, Kinderzimmer – oben oder unten?), zur Vollständigkeit (wollen Sie auch eine Küche, wie viele Bäder wollen Sie, wie groß sollen sie sein?) und so weiter.

Erst, wenn Sie ihm diese Fragen beantwortet haben, kommen Sie ins Geschäft. Idealerweise setzen Sie sich mit dem Architekten zusammen und lassen sich von ihm beraten. Dann profitieren Sie zusätzlich von seiner Erfahrung. Und wenn er alle Wünsche und Anforderungen kennt, wird er in der Lage sein, Ihnen einen Plan zu präsentieren und Ihnen einen realistischen Termin für Ihren Umzug zu sagen. Ob der dann reicht, um Weihnachten im neuen Haus zu feiern, hängt zusätzlich von weiteren Faktoren ab.

Die Frage ist, warum in vielen Unternehmen bei IT-Projekten nicht so vorgegangen wird. Ein Projektleiter, dem das Projekt übertragen werden soll, darf den Auftrag nicht annehmen, wenn die beschriebenen Voraussetzungen (Anforderungen, Vorwärtsplanung) nicht erfüllt sind. Wie soll er ansonsten Verantwortung übernehmen? Er wird mit Sicherheit daran gemessen. Er muss im Lenkungsausschuss über den Status berichten. Er bekommt große Probleme, wenn er den ursprünglich vorgegebenen Termin akzeptiert hat und später nicht liefern kann.

Wir müssen endlich verstehen, dass die digitale Transformation nur mit und durch die IT erfolgreich umgesetzt werden kann. Und zwar dann, wenn sie die Potenziale der aktuellen oder in naher Zukunft verfügbaren Informationstechnologie für die Entwicklung neuer Produkte und Dienstleistungen, für die Akquisition neuer Märkte und Kunden, für die Vereinfachung, Verbesserung und Beschleunigung von Prozessen, für die Verbesserung der Nachhaltigkeit und für eine verbesserte Anwenderzufriedenheit proaktiv einbringen kann. Dazu muss sie vom ersten Moment an in die strategischen Überlegungen des Unternehmens und/oder seiner Investoren bzw. Eigentümer eingebunden werden.

Warum Unternehmen keine Unternehmensstrategie brauchen

Früher habe ich gelernt, dass kurzfristig ein Zeitraum von ein bis drei Jahren bedeutet, mittelfristig waren drei bis fünf Jahre und langfristig fünf bis zehn Jahre. Das hieß für eine Unternehmensstrategie, dass das Management einen Zeitraum von mindestens fünf Jahren im Blick haben und planen musste. Das funktioniert heute nicht mehr. Der technische Fortschritt, die durch das Internet befeuerte Globalisierung und Startup-Unternehmen mit disruptiven Ansätzen zwingen Unternehmen heute zu schnellen Entscheidungen und Veränderungen.

Rufen wir uns in Erinnerung, wie Strategie definiert wird. Das Gabler Wirtschaftslexikon definiert den Strategiebegriff wie folgt:[46]

„[...] Strategie wird definiert als die grundsätzliche, langfristige Verhaltensweise (Maßnahmenkombination) der Unternehmung und relevanter Teilbereiche gegenüber ihrer Umwelt zur Verwirklichung der langfristigen Ziele. [...]"

Bei Wikipedia kann man nachlesen:[47]

„Unter Strategie werden in der Wirtschaft klassisch das (meist langfristig) geplante Marktverhalten der Unternehmen zur Erreichung ihrer Unternehmensziele verstanden. In diesem Sinne zeigt die Unternehmensstrategie in der Unternehmensführung, auf welche Art ein mittelfristiges (ca. 2–4 Jahre) oder langfristiges (ca. 4–8 Jahre) Führungsziel erreicht werden soll. [...]"

Die Definition von Manager-Wiki lautet:[48]

„Ursprünglich die „Kunst der Heeresführung" (griechisch: strategos), wird der Strategiebegriff heute auf viele Arten definiert. Eine gängige Definition setzt Strategie gleich mit „den Plänen des Top-Managements, jene Ergebnisse zu erreichen, die sich mit der Mission und den Zielen der Organisation decken" (Wright/Pringle/Kroll). [...]"

Es geht also um die Pläne und Maßnahmen zur Erreichung von mittel- oder langfristigen Unternehmenszielen. Deshalb ist es wichtig, sich über die eigenen Ziele klar zu werden und präzise zu bewerten, welche Möglichkeiten es gibt, um diese Ziele zu erreichen. Dabei spielt die Informationstechnologie heute die größte Rolle. Je früher und je besser sie in die Maßnahmenplanung einbezogen wird, desto größer wird die Chance, die Ziele zu erreichen.

Wie ist der Stand der Dinge im Maschinenbau? Einen guten Überblick geben zwei aktuelle Studien.

Die item Industrietechnik GmbH hat im Frühjahr 2020 die Frage untersucht, wie digital der Maschinenbau ist.[49]

Die Kunden der Maschinenbauunternehmen setzen demnach digitalisierte Prozesse zunehmend voraus. 86 Prozent erwarten die Nutzung von CAD-Dateien (Computer Aided Design). Besprechungen über Webmeetings wollen 55 Prozent der Kunden. Knapp die Hälfte der Unternehmen erwarten die Arbeit mit CAM-Dateien (Computer Aided Manufacturing).

Es gibt Ängste, die die Befragten mit der zunehmenden Digitalisierung im Maschinen- und Anlagenbau in Deutschland verbinden. An erster Stelle mit 53 Prozent wird Datendiebstahl befürchtet. 39 Prozent haben Angst vor Preisdruck, 36 Prozent vor Konkurrenzdruck. Die Veränderung von Berufsbildern nannten 36 Prozent als Angst.

Dazu zwei Anmerkungen. Wieso hat man Angst vor der Veränderung von Berufsbildern? Ist das nicht logisch, dass sich mit Veränderungen und neuen technologischen Möglichkeiten auch Berufe verändern und sogar neue entstehen? Allein durch die Digitalisierung und die Existenz der sozialen Medien sind viele neue Berufe entstanden wie zum Beispiel Social Media Manager und Redakteure, SEO- und SEA-Manager [2], Affiliate-

---

2 SEO: Search Engine Optimisation, SEA: Search Engine Advertising

Marketing-Manager, Customer-Experience-Designer, Art-Director, IT-Security-Manager, Robotik-Ingenieure oder E-Commerce-Manager. Unternehmen müssen sich auf diese Veränderungen vorbereiten, wollen sie nicht den Anschluss verlieren.

Auch die Angst vor Konkurrenzdruck ist kontraproduktiv und lässt das Unternehmen völlig hilflos wie das Kaninchen vor der Schlange sitzen. Mit einer richtigen Digitalstrategie setzt man sich von der Konkurrenz ab und die anderen müssen Angst haben. Also als Chance betrachten!

Die Studie befragte die Teilnehmer, welche Bereiche im Maschinenbau in Deutschland an Bedeutung gewinnen werden. An erster Stelle wurde eine moderne Ausbildung genannt, gefolgt von Arbeitseffizienz, Preisdruck und Fachkräftemangel. Anders sahen das die Teilnehmer aus Großbritannien, Spanien und Tschechien, die ihre Länder deutlich besser aufgestellt bewerteten in Bezug auf den digitalen Wandel als die deutschen. Sie nannten Arbeitseffizienz, Vereinfachung der IT, moderne Ausbildung und digitale Geschäftsmodelle. Die Studie konstatiert, dass andere europäische Länder im Digitalisierungsprozess mittlerweile über einen Vorsprung verfügen.

Eine große Herausforderung für viele Unternehmen ist die Entwicklung und Umsetzung einer Digitalstrategie. Nur wenige Teilnehmer gaben an, dass in ihrem Unternehmen bereits eine umfassende Digitalisierungsstrategie umgesetzt wurde. Umgekehrt gehen 80 Prozent der Teilnehmer davon aus, dass die Digitalisierung von Prozessen ein wesentlicher Faktor für die Wettbewerbsfähigkeit sein wird.

„[...] die Teilnehmer sind sich darüber einig, dass langfristig nur Unternehmen mit einer umgesetzten Digitalstrategie die Effizienz und Durchlaufzeit erreichen können, die der Markt vorgibt. […]“ Interessant ist in diesem Zusammenhang, dass zwar 87 Prozent der Teilnehmer bereit wären, ausgearbeitete Konstruktionspläne von Fremdfirmen zuzukaufen, aber lediglich 53 Prozent würden diese Konstruktionspläne selber auf dem Online-Marktplatz anbieten.

„[…] An der Entwicklung von neuen Geschäftsfeldern und Kooperationsformen im digitalisierten Maschinenbau wird dennoch langfristig kein Weg vorbeiführen. Unternehmen, die bislang und angesichts des höheren Digitalisierungsgrades in anderen europäischen Ländern zögern, werden nach Ansicht der Teilnehmer zukünftig mindestens an Profit einbüßen. Da Planung und Umsetzung der zum eigenen Unternehmen passenden Digitalisierungsstrategie zudem ein schrittweiser Prozess sind, wird sich der Rückstand zu bereits gestarteten Unternehmen mittelfristig potenzieren.“

Wie bereiten Unternehmen ihre Mitarbeiter auf die Digitalisierung vor? 53 Prozent nannten interne Schulungen, 51 Prozent wollen in Hardware und Software investieren und 48 Prozent setzen auf „Learning by doing“.

Die zweite Studie über die Auswirkungen der Pandemie auf die Digitalisierung, die Bitcom Research im Auftrag der Tata Consulting Services (TCS) im Dezember 2020 durchgeführt hat, brachte unter anderem folgende Ergebnisse:[50]

85 Prozent der Industrieunternehmen sind offen für die Digitalisierung. Im Maschinen- und Anlagenbau sind es sogar 93 Prozent der Unternehmen. Die Frage ist, was es heißt, dass ein Unternehmen offen für Digitalisierung ist? Will es Papier durch Dateien ersetzen oder will es seine Prozesse und Geschäftsmodelle disruptiv verändern? Oder irgendetwas dazwischen? Darüber muss sich jedes Unternehmen zunächst im Klaren werden.

Die Corona-Pandemie wirkt sich positiv auf die Digitalisierung im Maschinen- und Anlagenbau aus. 80 Prozent haben ihre Investitionen in digitale Geräte, Technologien und Anwendungen erhöht. Auch damit liegt die Branche über den anderen untersuchten Branchen."

Santu Mandal, Head – Manufacturing Business Unit bei TCS in Deutschland sagt: „Public, Private oder Hybrid Cloud wurden auch vor der Pandemie bereits in den meisten Unternehmen eingesetzt – aber noch nicht in der Breite. In den vergangenen Monaten haben sich die Cloud-Einführungen verdreifacht bis verfünffacht und Cloud bildet das Herzstück der digitalen Transformation der Unternehmen."

Eine weitere Aussage in der Studie: „Künstliche Intelligenz ist stark auf dem Vormarsch und könnte bald den Alltag der Unternehmen prägen. Mehr als die Hälfte der Unternehmen ist davon überzeugt, dass KI eine Schlüsseltechnologie für die eigene Wettbewerbsfähigkeit ist. Die Praxis sieht allerdings anders aus: nur 14 Prozent der Unternehmen setzen bereits KI-basierte Anwendungen ein. In erster Linie wollen die Unternehmen Kosten senken und Effizienzgewinne erzielen. KI wird aber immer stärker für Innovationen und bessere Kundenerfahrungen genutzt, wie das zukunftsgerichtete Unternehmen bereits heute tun."

Insgesamt sieht es also nicht schlecht aus für die Branche Maschinen- und Anlagenbau, was die Digitalisierung angeht. Haben Sie bemerkt, dass nirgendwo mehr die Rede von der Unternehmensstrategie ist? Vielmehr gibt es nunmehr eine Digitalstrategie oder auch eine Digitalisierungsstrategie.

Immer mehr Unternehmensbereiche werden durch den Einsatz digitaler Werkzeuge, also von Informationstechnologie, verbessert und im Sinne des Geschäftes verändert. Das bedeutet, dass alle Programme und Projekte, mithin das Projektportfolio, in einem Unternehmen IT einsetzen und nutzen. Deshalb braucht das Unternehmen keine Unternehmensstrategie im klassischen Sinne mehr. Heute müssen sich die Ziele und Maßnahmen eines Unternehmens an den digitalen Möglichkeiten und Perspektiven ausrichten und werden in der Digitalstrategie dokumentiert.

Worauf kommt es bei einer erfolgreichen Umsetzung an?

Es gibt keine Blaupause und kein Patentrezept für eine erfolgreiche Umsetzung der Digitalstrategie. Dennoch kann man bei Unternehmen, die bereits nachgewiesen erfolgreiche Digitalisierungsprojekte durchgeführt haben, sehen, welche Grundlagen und Eckpfeiler es dafür braucht.

Wir haben bereits gesehen, dass die klassische Unternehmensstrategie ausgedient hat. Die betrachteten Zeithorizonte sind viel zu lang und es gibt kaum Flexibilität in der Planung. Genau diese Flexibilität braucht es aber bei der digitalen Transformation, weil sich alles so schnell ändern kann und man entsprechend reagieren und sich auf die neue Situation einstellen können muss.

Das Unternehmen muss permanent die technologischen Entwicklungen beobachten und bewerten. Es muss auch den Markt und seine Veränderungen noch viel stärker als früher analysieren. Dazu wird die Rückmeldung der Kunden benötigt, um mit diesen wertvollen Erkenntnissen den Lösungsentwurf anzupassen und schon vor der Implementierung ein viel besseres Ergebnis zu erreichen.

Wichtigster Punkt ist dabei, die Potenziale und Chancen der Veränderungen zu erkennen. Um frühzeitig und kostengünstig zu testen, ob diese Möglichkeiten zum Vorteil des eigenen Unternehmens gereichen, muss im besten Sinne agil vorgegangen werden. Durch Ausprobieren, durch Prototypen, durch „Testballons“, die man fliegen lässt.

Das erfordert auch beim Management ein erhebliches Umdenken. Denn da geht nichts mehr mit „Befehl und Gehorsam“, nur noch mit hierarchieloser Teamarbeit, durch Flexibilität und durch die Offenheit für eigene Fehler bzw. die Erkenntnis, dass das Probierte nicht funktioniert. Und dann darf es kein „Fingerpointing“ und keine Schuldzuweisungen geben, sondern der schnelle Start eines neuen Versuches ist angesagt.

Digital erfolgreiche Unternehmen erarbeiten sich auf diese Weise neue Geschäftsmodelle und digitale Produkte. Sie nutzen dadurch die Vorteile der schnelleren Markteinführung von Produkten. Sie werden auch viel kundenorientierter. Sie verstehen die Ideen, Probleme und Bedürfnisse der Kunden.

Eine gute Möglichkeit bietet derzeit die Schaffung von digitalen Ökosystemen. Sie sind branchenübergreifend, althergebrachte Grenzen zwischen Unternehmen fallen weg und die Wertschöpfungsketten erweitern sich nach vorne und nach hinten über das eigene Unternehmen hinaus.

Das Beratungsunternehmen BearingPoint beschreibt ein digitales Ökosystem wie folgt. „[...] Ein digitales Ökosystem entsteht, wenn ein Unternehmen in der Lage ist, ein Netzwerk aus Partnern, Kunden, Entwicklern und anderen Akteuren zu knüpfen und zu verwalten. Alle beteiligten Akteure arbeiten auf einer einzigen Plattform auf ein gemeinsames Ziel hin. Mit anderen Worten: Alle ziehen an einem Strang. [...]“ Der Mehrwert für die Kunden durch die gemeinsame Nutzung von Daten auf cloudbasierten Plattformen (auch Plattformökonomie genannt) ist enorm.

Um an der Plattformökonomie teilnehmen zu können, muss das Unternehmen die klassischen Strukturen aufbrechen und die gesamte Firma auf die anstehende Transformation vorbereiten. Eine eigene Organisationseinheit für die digitale Transformation wie zum Beispiel die Schaffung der Rolle eines „Chief Digital Officers“ (CDO) ist dafür nicht nur unnötig, sondern eher kontraproduktiv. Es entsteht zum einen eine Erwartungshaltung „der CDO wird es schon richten“, und damit verbunden eine Fokussierung auf den CDO. Das nimmt automatisch die anderen Unternehmensbereiche aus der aktiven Rolle heraus und wirkt wie ein Hemmschuh auf die digitale Transformation.

Zum anderen wird eine Konkurrenzsituation zwischen CDO und CIO geschaffen. Beide streiten sich um Kompetenzen (wer weiß mehr über Digitalisierung?), um Mitarbeiter (welche Mitarbeiter arbeiten für den CIO, welche für den CDO?), um Budgets (bekommt der CDO ein eigenes Budget, muss er sich das IT-Budget mit dem CIO teilen, wie hoch sind die Budgets?) und schließlich um Erfolge und Reputation (welcher Beitrag zum Erfolg kam vom CIO, welcher vom CDO, und welcher war größer?). Das sollten sich die Unternehmen ersparen, denn sie haben bereits einen IT-Leiter oder CIO, der diese Aufgaben übernehmen muss und kann.

Erfolgreiche Unternehmen verstehen die digitale Transformation weder als eine reine Technologietransformation noch als eine rein geschäftsorientierte Transformation. Es geht ihnen immer um die Schaffung multi-funktionale Teams mit sehr breit gefächerten Fähigkeiten und der übergreifenden Zusammenarbeit.

„In God we trust. All others must bring data." Dieses Zitat von William Edwards Deming, dem Vater des Plan-Do-Check-Act-Kreislaufes, zeigt sehr gut, worum es bei der digitalen Transformation auch geht. Allerdings sind Daten ohne Kontext keine Informationen. Es geht immer darum, Erkenntnisse aus den Mengen an Daten, die wir heute bereits haben oder generieren können, zu ziehen. Diese Erkenntnisse müssen eingesetzt werden, um dem Unternehmen einen Wettbewerbsvorteil zu schaffen.

Die Entwicklung einer Datenstrategie ist dafür notwendig. Außerdem die Investition in die Stammdatenverwaltung, die zu qualitativ hochwertigen Daten führt. Die Anforderung lautet, die richtigen Daten zu ermitteln und sie den richtigen Personen im richtigen Kontext und Format bereitzustellen. Dabei muss die Auswertung immer aus Sicht des verbesserten Kundenerlebnisses oder höherer Produktivität erfolgen.

Wir leben in einer Zeit des Fachkräftemangels, der insbesondere in der IT fast schon dramatisch ist. Wie Bitcom am 3. Januar 2022 veröffentlichte, ist die Zahl freier Stellen für IT-Fachkräfte 2021 branchenübergreifend auf 96.000 gestiegen. Das sind zwölf Prozent mehr als im Vorjahr, als quer durch alle Branchen 86.000 Jobs unbesetzt blieben. Zu diesem Ergebnis kam die neue Bitkom-Studie zum Arbeitsmarkt für IT-Fachkräfte.[51]

Mittlerweile müssen sich die Unternehmen bei den Kandidaten bewerben, um die besten digitalen Köpfe zu bekommen. Manche sprechen martialisch vom „War of talents". Sehr viele Unternehmen sind nicht in der Lage und/oder willens, eigene Spezialisten auszubilden oder intern zu fördern. Das würde mittlerweile auch zu lange dauern. Was sollten diese Unternehmen also tun? Sie brauchen spezialisierte Personaldienstleister wie zum Beispiel intelliExperts oder gehen strategische Partnerschaften ein, um wechselseitig von benötigten Fähigkeiten bestimmter (freiberuflicher) Mitarbeiter zu profitieren.

Gibt es bestimmte Erfolgsfaktoren für die Umsetzung einer digitalen Transformation? Diese Frage stellten sich 2018 Christian Leyh und Nico Meischner von der TU Dresden und führten zunächst eine Literaturstudie und darauf aufbauend eine Interviewstudie durch. Sie identifizierten 25 Faktoren und entwickelten daraus ein Modell der digitalen Transformation.[52]

Ich werde nachfolgend die wesentlichen Ergebnisse zusammenfassen.

Interessanterweise unterscheiden sich die Ergebnisse von Literatur- und Interviewstudie teilweise deutlich. Ich messe den Ergebnissen der Interviewstudie mehr Bedeutung bei, weil sie erstens aus Interviews mit verantwortlichen Praktikern stammen, und zweitens auf den Ergebnissen der Literaturstudie aufbauen.

An erster Stelle wurde eine einheitliche digitale Unternehmensstrategie (Digitalstrategie) bzw. Vision genannt. Platz zwei ist meines Erachtens ein Allgemeinplatz, der auf jedes Projekt zutrifft und auch in jeder Projektbeschreibung und Präsentation genannt wird: die Unterstützung des Top-Managements. Platz drei ist wieder sehr interessant. Omni-Channel-Management rangiert auf Platz drei und dokumentiert die stark kundenfokussierte (Neu-)Ausrichtung des Unternehmens. Auf den folgenden Plätzen kommen Punkte, die aus meiner Sicht eher Voraussetzungen darstellen, ohne die es nicht gut gehen kann: Hardware, Software, Change Management und die Qualifizierung der Mitarbeiter.

Es gibt einen weiteren sehr wichtigen Faktor, der nach meiner Erfahrung einen elementaren Zielkonflikt darstellt, der nicht so ohne weiteres aufzulösen ist, wenn überhaupt. Ich meine, dass in den Unternehmen bereits Informationstechnologie vorhanden ist und genutzt wird. Da gibt es nicht selten alte Betriebssysteme, Softwarelösungen, die vom Hersteller bereits abgekündigt sind, oder Systeme, die an der IT vorbei in den Fachbereichen installiert worden sind (Schatten-IT). Um eine erfolgreiche digitale Transformation hinzubekommen, müssen die bereits genannten Voraussetzungen geschaffen werden.

Bei der Hardware geht es darum, sie bezüglich ihrer Leistungsfähigkeit auf die zu erwartenden Anforderungen aufzurüsten oder auszutauschen. Wesentliche Aspekte sind die Prozessoren, Speicher und Fragen der IT-Sicherheit. Diese Anpassungen sind ein typisches IT-Projekt. Oder mehrere Projekte.

Software, die alt und auf die existierenden Geschäftsprozesse ausgerichtet ist, muss ersetzt werden, damit die wunderbaren Ergebnisse der digitalen Transformation auch genutzt werden können. Auch hier handelt es sich um IT-Projekte.

Change Management ist für mich einer der wichtigsten Erfolgsfaktoren in diesem Zusammenhang. Und es ist kein Projekt. Der Change bezieht sich nämlich weder auf die Hardware noch auf die Software, sondern auf die Menschen des Unternehmens. Unabhängig von Aufgabe, Funktion, Hierarchie oder Gehalt. Die Menschen müssen mit den massiven Veränderungen, die auf sie zukommen und ihnen zugemutet werden, umgehen können. Das ist die Aufgabe des Managements. Es muss den Menschen verständlich erklären, was sich verändert. Und warum es sich verändert, warum es sich verändern muss. Das Management muss den Mitarbeitern überzeugend darstellen, warum diese Veränderungen gut sind für das Unternehmen.

Warum das Unternehmen anschließend mehr Umsatz, mehr Gewinn macht, warum es mehr und bessere Kunden haben wird, warum die Eigentümer des Unternehmens mit der Wertentwicklung des Unternehmens zufrieden sein werden.

Last but not least müssen die Menschen, die Mitarbeiter, eine Antwort auf die Fragen bekommen: „Was ändert sich für mich? Was passiert mit meinem Job? Werde ich arbeitslos? Bekomme ich eine neue Chance? Werde ich versetzt? Muss ich mich weiterbilden, muss ich gar etwas komplett Neues lernen? Was habe ich davon?“ Wenn das Management nicht in der Lage ist, diese Fragen so zu beantworten, dass die Mitarbeiter sie verstehen und akzeptieren, werden viele gehen und ihr Fachwissen mitnehmen. Mir ist bewusst, dass es bei großen Veränderungen immer eine erhöhte Fluktuation gibt. Diese ist häufig auch gewollt. Es stellt sich aber die Frage, *welche* Mitarbeiter gehen. Die mit sehr gutem Fachwissen, mit Engagement und Fleiß? Oder die, die es sich in der Firma bequem gemacht haben und keinen anderen Job wollen (sogenannte „Unternehmensbewohner“)?

Die Mitarbeiter, die sich entschlossen haben, die Veränderung mitzugehen, sie aktiv zu unterstützen und zum Erfolg beizutragen, müssen unbedingt aus- und weitergebildet, also qualifiziert werden. Dazu muss das Unternehmen Zeit und Geld investieren. Ansonsten werden selbst diese Mitarbeiter nicht in der Lage sein, ihre Motivation in Erfolg umzusetzen.

Aus meiner Erfahrung werden die genannten IT-Projekte, die die IT-seitigen Voraussetzungen schaffen sollen, häufig unterschätzt oder gar ignoriert, frei nach dem Motto: „Die IT kriegt das schon hin.“ Auch die Themen Change Management und Qualifizierung habe ich leider noch selten in ausreichend professioneller Art und Weise umgesetzt gesehen.

Stattdessen wird von einer IT der zwei Geschwindigkeiten gesprochen. Auf der einen Seite die innovative, relativ schnell umzusetzende Seite des Business in Form von Omni-Channel-Marketing und Digitalisierung durch Ersatz von Papier mittels Dateien. Auf der anderen Seite die lahme IT, die sich mit den Altsystemen und deren Ablösung herumplagen muss und am liebsten ausgelagert werden sollte. Leider verkennen die Protagonisten die Zusammenhänge und Abhängigkeiten beider Aspekte. Sie sollten statt der gedanklichen und wirklichen Trennung eher in Gesamtzusammenhängen denken und agieren. Und zwar gemeinsam und im Einklang mit der IT.

Unternehmen, die eine erfolgreiche digitale Transformation hinbekommen haben, sind wohl eher den beschriebenen Empfehlungen gefolgt. Hier ein paar Beispiele:

BMW: Der digitale Car-Sharing-Dienst DriveNow kann als Teil einer kollaborativen Wirtschaft betrachtet werden, insbesondere nach der Fusion von Car2go und Daimler zu Share-Now.

Lego: Mit den digitalen Geschäftsfeldern für digitale Spiele (Filme, Videospiele, Handyspiele, Apps) und für die Förderung von Innovation und Leistung in der Wirtschaft durch die Software „Lego Digital Designer“ gelang Lego eine digitale Transformation par excellence.

L’Oréal schuf neue Räume für die Begegnung mit seinen Kunden durch die Erstellung von Apps wie der „Virtually Makeup App“. Mit ihr können sich die Kunden dank der Verwendung von Augmented Reality vorstellen, wie ein Make-up bei ihnen aussehen wird. Auch die App „Style My Hair“ hilft den Kunden, ihr Aussehen zu überprüfen, indem sie die Haarfarbe ändern, bevor sie zum Friseur gehen.

Fraba: Der Hersteller von Positions- und Geschwindigkeitssensoren hat eine eigene Smart Factory eröffnet, in der nur nach individuellen Vorgaben der Kunden gefertigt wird. Ein digitales „Mass Customization“-Geschäftsmodell“ gewährleistet in der digital gesteuerten Fabrik hohe Variantenvielfalt, Losgröße 1 und kurze Lieferzeiten. Die Produktivität eines Euros an Lohnkosten konnte um 500 Prozent erhöht werden.

Resümee

Sie haben gesehen, dass all die hochtrabenden Schlagwörter „nicht so heiß gegessen werden, wie sie gekocht werden“, um ein altes Sprichwort zu zitieren. Sie haben gelernt, dass die Informationstechnologie der bestimmende Faktor der Zukunft in Bezug auf ökonomischen – übrigens auch ökologischen – Erfolg ist. Und dass alle Unternehmen IT-Unternehmen sind, die nicht mehr nur reine Produkte und/oder Dienstleistungen verkaufen, sondern Lösungskonzepte und Lösungen. Dass sie Plattformen bieten, auf denen Wettbewerber, Behörden, Konzerne, Startups, Mittelständler und Kunden zusammenkommen, um Bedürfnisse zu befriedigen. Verstärkt wird das durch virtuelle Wirklichkeiten, künstliche Intelligenz und das Metaverse, alles informationstechnologische Entwicklungen für die und in der Zukunft.

Die Zeiten sind endgültig vorbei, in denen die IT als Enabler, Dienstleister und nachrangige Organisationseinheit betrachtet werden kann. Die IT ist der Treiber der zukünftigen Entwicklung und ihr kommt dadurch eine immer größer werdende Verantwortung zu. Vorstände und Geschäftsführungen, aber auch die Politik, Behörden und andere Organisationen, müssen mehr IT-savvy werden und mehr IT-Denken in Managemententscheidungen einbringen. Die Informationstechnologie bestimmt die Zukunft, ob Betriebswirte, Juristen, Banker, Ingenieure, Ärzte, Künstler, Medienschaffende oder Sportler wollen oder nicht.

Innovationskraft aufbauen im Maschinenbau

Dr.-Ing. Uwe Seidel, Interim Executive (EBS), Interim Manager im Maschinenbau u. Anlagenbau, Partner der Interim Management Sozietät F&P Executive Solutions AG, Hamburg, Inhaber der fluenTec GmbH, Gesellschaft für Management-Dienstleistungen, Salz

Management-Empfehlungen für Führung und Organisation

Dieser Beitrag speist sich allein aus Managementerfahrungen in verschiedenen Unternehmen, es ist also eine Art Praxisbericht mit bewährten Handlungsempfehlungen. Da der Autor in der beruflichen Praxis Führungsverantwortungen in Start-ups, Mittelstand und Konzernen vorweisen kann, werden hier auch Lösungsansätze für verschiedene Unternehmensgrößen diskutiert. Dabei wird keine strenge Organisationsform vorgeschlagen. Vielmehr sind es modular einsetzbare Veränderungsmöglichkeiten, deren Wirkung schnell feststellbar ist. Entsprechend schnell kann auch korrigierend im Sinne von KVP (Kontinuierlicher Verbesserungsprozess) eingegriffen werden.

Der Artikel benennt zusammengefasst aktuelle Herausforderungen und leitet daraus die Notwendigkeit ab, Innovationsstärke aufzubauen. Außerdem beschreibt er eine denkbare Vorgehensweise bei Führung, Organisation und Konzeptionierung, begleitet von Beispielen.

Im Fokus stehen in dieser Arbeit diejenigen Maßnahmen, die Innovationen bei Produkten und Dienstleistungen unterstützen. Organisatorische Änderungen, die darauf abzielen, interne Unternehmensprozesse zu innovieren, werden nicht betrachtet.

Abstract

Im Maschinenbau und im Anlagenbau ist ein nie dagewesener Innovationsdruck vorhanden. Auch die Vielschichtigkeit der Herausforderungen hat nie ein solch großen Umfang gehabt, wie es heute der Fall ist. Diese Arbeit beschreibt die einzelnen Herausforderungen, sie beschreibt auch, wie Innovationskraft aufgebaut werden kann. Der Artikel geht auf Führungsthemen ein und beschreibt ausführlicher auch die Möglichkeiten, wie man die Organisation und ein Konzept darauf ausrichtet. Zusätzlich nennt er Beispiele aus der Managementpraxis. Es ist keine weitere wissenschaftliche Arbeit zum Thema Innovation. Sondern es sind Handlungsempfehlungen aus der Managementpraxis unterschiedlicher Unternehmen des Maschinenbaus und des Anlagenbaus.

Herausforderungen im Maschinen-und Anlagenbau

Unternehmen der Investitionsgüterindustrie heutzutage auf Kurs zu halten, ist eine äußerst anspruchsvolle Aufgabe. Trotzdem sind die Hersteller in der Lage, sehr gute Technologien anzubieten. Auch der wirtschaftliche Erfolg ist (noch) gegeben. Immer häufiger ist aber gerade der wirtschaftliche Erfolg nicht mehr sicher in die Zukunft vorzutragen. Vielfältige Ursachen kommen dafür in Frage:

- Einige Firmen haben über lange Zeit hinweg nicht ausreichend in Produkt- und Dienstleistungs-Entwicklung investiert. Eventuell auch deswegen, weil die Mitarbeiter zur Erhaltung des bestehenden Tagesgeschäfts schon voll ausgelastet sind.

- Zum Teil stecken sie zudem in Restrukturierungsphasen, was sie zusätzlich von Innovationsprozessen abhält.

- Andere Unternehmen befinden sich in unsicheren Phasen, weil Gesellschafterwechsel anstehen oder weil dominantes Führungspersonal von Bord gegangen ist.

- Lieferanten glänzen zeitweise durch Unzuverlässigkeit in der Liefertreue und verlängern massiv die Lieferzeiten. Es fehlen Teile. Maschinen und Anlagen sind dadurch nicht fertig zu stellen, können nicht ausgeliefert und in Rechnung gestellt werden. Finanzielle Instabilitäten und wachsende Kundenunzufriedenheit können die Folge sein.

- Der Wettbewerb hat zugenommen, weil Anbieter aus anderen Regionen stark werden – in ihrem Lösungsangebot, bei Innovation und Qualität, bei der Kostenführerschaft und im Marktauftritt.

- Die Rekrutierung von Fachpersonal ist sehr anspruchsvoll geworden, und das wird auf längere Zeit wohl noch verstärkt so sein. Besonders gilt dies für die neuen Technologiefelder.

- Zunehmende gesetzliche Anforderungen stellen Ansprüche an Produktausprägungen und sind daher bei Kapazitätsplanungen zu berücksichtigen. Genannt seien länderspezifische Vorschriften, umwelttechnische Anforderungen an Entsorgung, Emissionen, Energieeinsatz und anderes.

- Neue Möglichkeiten wie Netzwerk-Technologien, Bilderkennung und Bildverarbeitung, smarte Sensorik-Lösungen oder 3D-Druck, fordern geradezu, dass sie in klassischen Produkt- und Dienstleistungsfeldern eingesetzt werden und damit werthaltige Funktionalität erweitern.

- Auf der anderen Seite steigen die Erwartungen der Kunden und der Märkte deutlich, unter anderem getrieben durch Technologieentwicklungen, Kosten- und Wettbewerbsdruck.

Was kann man in den beschriebenen Situationen tun, um die nötigen Innovationprozesse zu fördern und neue Produkte auf den Markt zu bringen oder gar das komplette Geschäftsmodell anzupassen?

Innovationskraft aufbauen

Bevor näher auf Lösungsansätze zum systematischen Aufbau von Innovationsprozessen, Führungsaspekten und Organisationsmöglichkeiten eingegangen wird, sei zunächst eine kurze Begriffsbeschreibung gegeben. Laut Gabler-Wirtschaftslexikon existiert keine allgemein angenommene Definition für den Begriff „Innovation“.[53] Den vielen Beschreibungsversuchen gemein ist, dass Innovation eine Neuerung oder Erfindung beschreibt, die wirtschaftlich und prozesssicher hergestellt oder bereitgestellt werden kann, und erfolgreich am Markt angeboten und nachgefragt wird.

In der Definition wird die sehr anspruchsvolle Aufgabenstellung deutlich. Daher wundert es nicht, dass eine große Anzahl von Unternehmen diese Aufgabe offensichtlich nicht ausreichend ausführen können.

Besonders im Mittelstand ist das der Fall. Der Autor kommt nach unterschiedlichsten Management-Einsätzen bei diversen Auftraggebern zu der Empfehlung, dass das Innovationsmanagement gezielt im Unternehmen institutionalisiert werden muss. An folgenden Punkten soll dies systematisch festgemacht werden:

- Führungsverantwortung, Führungsleitlinien und Kommunikation,
- Organisation, Rollen und Aufgabenbeschreibungen,
- Qualifizierung,
- Innovationsprozesse und Kernprozesse.

Diese Punkte fassen zusammen, was in jedem Fall aus interner Besetzung geleistet werden sollte. Zur Durchführung eines Entwicklungsprojektes mit innovativem Anspruch könnte darauf aufgebaut werden. Bei fehlender Routine könnte von externer Seite durch ein konkret formuliertes Aufgabenpaket unterstützt werden.

Die Begründungen für ein Mindestmaß an interner Organisation lauten:

- Es müssen laufend Informationen aus dem Tagesgeschäft gesammelt werden – sowohl intern als auch von Kunden und Märkten.
- Motivation und Selbstvertrauen werden in der bestehenden Belegschaft gestärkt.

- Die Geschäftsführung muss immer präsentes Interesse zeigen, Ansporn geben und selbst sichtbar und auf eine geeignete Weise am Innovationsprozess mitarbeiten.

Führung, Verantwortung und Kommunikation

Wir haben die herausfordernden Rahmenbedingungen aufgelistet und festgestellt, dass Innovationen dringend durchzuführen sind. Allerdings treffen wir oftmals in Unternehmen auf Führungskräfte, die vom Tagesgeschäft völlig eingenommen sind und nicht mehr wissen, wo ihnen der Kopf steht.

Häufig sind diese Führungskräfte überfordert. Sie wissen nicht, wie sie diese vielfältigen Aufgaben lösen sollen, und wie sie erfolgreich neue Produkte oder Dienstleistungen entwickeln können.

Mitarbeiter merken dies. Sie werden verunsichert, und sie fangen an, dem Unternehmen nicht mehr zu vertrauen. Das sind wiederum Aufgaben, welche die Führungskräfte zu lösen haben. Wie kann man Mitarbeiter wieder motivieren und deren Vertrauen wieder aufbauen?

Folgende Punkte möchte der Autor dem Leser für das anstehende Projekt vorschlagen:

- Leitfaden für Führungskräfte formulieren. Eine Geschäftsführung sollte von den Führungskräften und Mitarbeitern nichts erwarten, was sie nicht selbst vorlebt.

- Die aktuell gehaltene Unternehmens-Strategie klar kommunizieren.

- Die Situation klar beschreiben, ehrlich bleiben. Den Sinn eines Vorhabens klar und deutlich vorstellen.
- Die Herausforderungen früh benennen, gegebenenfalls erste Lösungsansätze vorstellen.
- Die Organisation dahingehend prüfen, ob innovationsfördernde Aufgaben klar zugeordnet sind. Wenn dies nicht so ist, Korrekturen herbeiführen.
- Über Perspektiven für Mitarbeiter nachdenken und sie in die Diskussion einbauen. Motivation aufbauen.
- Raum und Zeit für Fragen der Mitarbeiter geben. Auf Unsicherheiten und Fragen der Mitarbeiter eingehen, ihnen nicht ausweichen.
- Mitarbeiter in führenden Rollen entsprechend schulen und qualifizieren.
- Für alle schwierigen Projektphasen als Führungskraft erreichbar sein.

Ein Innovationsprojekt erzeugt naturgemäß scheinbar unüberwindbare Hürden. Nach erfolglosen Lösungsversuchen sollte die Geschäftsführung immer ansprechbar sein und aktiv Hilfestellungen geben oder wegbereitende Vorschläge unterbreiten. Innovationsprojekte sollten außerhalb eines Unternehmens-Organigramms laufen. Daher spricht der Autor lieber von vergebenen Rollen.

Dieses Vorgehen ermöglicht einem Moderator zum Beispiel, in schwierigen Phasen einer Lösungsfindung mehrere Mitarbeiter aus unterschiedlichen Positionen und Funktionen in ein Lösungsteam zu rufen. Auch externe Partner können hinzugezogen werden, schnell, unbürokratisch, lösungsorientiert.

Weitere Anregungen für einen Führungsleitfaden lauten:

- Unternehmensziele an Arbeitsplätzen verständlich darstellen und deutlich kommunizieren. Transparenz schaffen und halten. Viele Ideengeber gewinnen.
- Verantwortung für Prozesse aufbauen und übertragen. Prozess-KVP. Verantwortung auf begründeter Vertrauensbasis.
- Zielgerichtet Qualifikation aufbauen und Nachhaltigkeit generieren.
- Vertrauensbildung auf Basis individueller Fertigkeiten, Qualifikation und Leistung.
- Arbeiten in klaren Prozessketten, konstruktive Zusammenarbeit an Prozessschnittstellen, kontrollierte Flexibilität.
- Leistungsstarke Kommunikations-Kanäle einrichten und schulen. Deren Nutzung danach aber auch einfordern. Präsente Visualisierung von aktuellen Ergebnissen.
- Mut und Motivation aufbauen für Herausforderungen und Veränderungen.
- Führung auch durch Zuhören.

Organisation

Erwähnt war schon, dass die **Institutionalisierung** eine wichtige Rolle spielt. Dazu empfiehlt es sich, dass eine Projektmoderation durch die einzelnen Projektphasen führt. Allein mit dem Fokus, keine Schritte außer Acht zu lassen, vollständige Zwischenergebnisse rechtzeitig vorzustellen und keine unplanmäßigen Stillstandzeiten aufkommen zulassen. Auch als Berater im Sinne des Projektfortschritts kann der Moderator wirken. Die Institutionalisierung soll so viele Mitarbeiter wie möglich eine Mitarbeit ermöglichen. Zum Beispiel sollten Ideen leicht formulierbar und adressierbar sein.

Antworten auf Fragen wie „An wen kann ich mich im Tagesgeschäft sofort wenden?“, „Was passiert mit einem Vorschlag gesichert im weiteren Verlauf?“ und „Wie involviere ich Ideengeber über den gesamten Prozess?“ verlangen nach Antworten.

Hierbei klingt schon durch, dass **Prozesse** eine hilfreiche Möglichkeit bieten, die genannten Forderungen zu erfüllen. Dabei es ist keine neue Weisheit, dass Prozesse nur nützen, wenn sie zur Anwendung kommen. Zur Anwendung kommen sie, wenn sie spürbare Unterstützung geben und sichtbare Ergebnisse ermöglichen. In den Prozessbeschreibungen sind einige Rollen zu definieren, ähnlich wie bei Teams in verschiedenen Sportarten. In der Prozessbeschreibung sollte anfangs ein Teilprozess beschrieben sein, der die Innovationsnotwendigkeit beschreibt oder dabei hilft, die Innovationslücke zu formulieren. Hieraus folgen richtungsweisende Informationen für zielgerichtete Suchfelder. Auf den Suchfeldern können Scouts in ihrer jeweiligen Rolle fokussiert arbeiten.

Als Beispiel könnten in Maschinenbau-Unternehmen ab einer bestimmten Größenordnung folgende **Rollen oder Funktions-**

bereiche im Innovationsmanagement organisatorisch verankert sein:

Applikationstechnik und Produktmanagement, Vertrieb und Service, Grundlagen- und Produktvorentwicklung, Serienentwicklung und Konstruktion, Elektro-Konstruktion und Software-Entwicklung, Datenanalytik, Cloud-Lösungen und IT.

Vor der Umsetzung kommen weitere Funktionsbereiche hinzu, aus Produktion, Einkauf, sowie frühzeitig auch das Controlling. Darüber hinaus sind konkrete Aufgabenbeschreibungen festzuschreiben. Sie müssen auf das Innovationsmanagement ausgerichtete Aspekte aufweisen. Aus der Applikationstechnik zum Beispiel sind Informationen zu den Anwendungen aufzunehmen. Das können sein: Informationen vom Anwendungspersonal beim Kunden oder besser von Endkunden. Mit Informationen über die Arbeitsprozesse in der die zu entwickelnden Maschinen arbeiten. Welcher neue Nutzen könnte den Kunden angeboten werden? Welche Produktivitätsanforderungen bestehen? Beobachtung von Wettbewerbsprodukten in der Anwendung. Meinungsbilder von Mitarbeitern bei Endkunden.

Nicht alle Unternehmen können diese Vielfalt von Funktionen aus eigener Kraft bedienen. In diesen Fällen ist zu überlegen, ob für ein konkretes Projekt Teilaufgaben von **externen Experten** bearbeitet werden können. Dies gilt zum Beispiel für Applikationstechnologien oder die Moderation im Produktmanagement. Sollte die Produktmanagement-Moderation für ein Projekt infrage kommen, kann nur empfohlen werden, dies gleich dazu zu nutzen, einen Produktmanager im eigenen Haus aufzubauen. Denn das Produktmanagement sollte zukünftig eine wichtige strategische Rolle übernehmen können. Bei den bereits erwähnten Applikationstechnologien ist das Hinzuziehen externer Experten sehr zu empfehlen. Denn in den meisten

Unternehmen ist die Fokussierung stark auf das Produkt ausgerichtet. Bei Maschinenbau-Unternehmen denken und lenken Maschinenbauer. Betreiber der Anlagen oder Maschinen sind aber Technologen aus der jeweiligen Branche – zum Beispiel pharmazeutische Produktionsanlagen, Lebensmitteltechnologen oder Verfahrenstechniker.

Zur Beratung gehören auch Informationen über zu erwartende Trends in den Applikationen. Gegebenenfalls kann hierzu eine spezialisierte Hochschule Auskünfte geben. Bei Endkunden in der Applikation prüft man danach die Reaktion auf die Trendaussagen der Hochschulen.

Kaufentscheider sind in den meisten Fällen nicht die Endkunden, sondern Maschinenbauer und Anlagenbauer. Diese **Kunden** oder Bedarfsträger werden global von verschiedenen Vertriebsstellen der Unternehmen angesprochen. Die Bedarfsträger senden den Lieferanten Spezifikationen zu, ausführlich oder häufiger auch mit vielen Lücken in der Beschreibung. Die Summe der Anforderungen aus verschiedenen Ländern/Regionen bildet letztlich ein Meinungsbild über grundlegende Produktanforderungen, die sogenannten **Marktanforderungen**.

Auch hierbei wird das Produktmanagement wieder aktiv, es bündelt, hinterfragt, fasst zusammen, korrigiert und ergänzt gegebenenfalls. Es ermittelt auch den Marktpreis für alle Regionen, natürlich aus Informationen vom Markt, vom Wettbewerb und aus der Angebotshistorie. Spätestens an dieser Stelle sollte ein **Controlling** mit an Bord kommen. Es gilt aus den Marktpreisen Zielkosten abzuleiten. Unter Berücksichtigung aller Kostenebenen und den Ergebniserwartungen beteiligter Unternehmenstöchter. Alles zusammen fließt in ein Lastenheft ein, dass die Erwartungen umfänglich beinhaltet. Wenn dies nicht alle Erwartungen umfasst, kann streng genommen keine innovative Produktidee entstehen.

Damit ist klar, welche Bedeutung dem Lastenheft beigemessen werden muss. In der Interim Management-Praxis des Autors waren in der Vergangenheit überwiegend unvollständige Lastenhefte formuliert worden. Allein das Fehlen von Anforderungen an smarte Technologien macht dies heutzutage wieder deutlich. Das gilt auch für das Fehlen von Anforderungen, die Enduser formulieren würden, wenn man sie einbinden würde.

Ein weiterer Ansatz für die innovative Ausrichtung der Organisation ist die Aufstellung in der Entwicklung. Um schnell passende Lösungsvorschläge in Innovations-Workshops einbringen zu können, vergibt die Entwicklungsleitung Scout-Rollen an die Mitarbeiter. Diese Rollen sind ausgerichtet auf die Fokusthemen aus Marktanalysen, Applikations-Technologien und relevanten Trendentwicklungen oder auf explizit beschriebene Suchfelder. Sie beobachten sehr fokussiert Forschungstrends und Forschungsergebnisse, Produktlösungen, die in eigene Produktentwicklungen integriert werden können, und führen auch erste einfache Labortests durch. Dies kann über Internet-Recherchen, Fachzeitschriften, Messen und das Sichten von Forschungsprojekten an Universitäten und Hochschulen geschehen. Ergänzend ist dies auch über die aktive Teilnahme und Kommunikation in virtuellen Experten-Netzwerken realisierbar. Der letztgenannte Weg ermöglicht für die spätere Projektarbeit gegebenenfalls schnell geeignete Experten in die Projekte einzuladen und somit viel effizienter zu entwickeln.

Konzeptbausteine für die Umsetzung

Innerhalb des Unternehmens sollte ein innovationsförderndes Konzept für die Organisation, die Schlüsselrollen und die Anforderungen an eine Prozessbeschreibung erarbeitet werden. Die Ausgangssituation wird letztlich aus den zur Verfügung stehenden Kapazitäten, dem Know-how, dem Handlungsdruck, den gesammelten Informationen und den Erfahrungen ermittelt. Zudem können etwa DAX-nahe Konzerne ganz andere bestehende Organisationen für Innovationsvorhaben einsetzen als ein kleinerer Betrieb mit zum Beispiel fünfzig Mitarbeitern und geringem Budget. Eine generelle Konzeptbeschreibung ist daher nicht für alle Unternehmensformen und -größen vorstellbar. Lediglich grob formulierte Konzeptbausteine lassen sich aus dem vorangestellten Kapitel ableiten. Für diese Konzeptbausteine können Unternehmen passende Ableitungen für bestimmte Handlungsfelder bilden. Eine grundlegende, umfangreiche Neuorganisation ist nicht unbedingt erforderlich. Schnelle Einsetzbarkeit von kleinen, aber wirksamen Veränderungen sind bereits angesprochen. Vor allem auf das Zusammenwirken sollte dabei geachtet werden. Daher ist zu raten, dass Bereichsführungskräfte zusammen an der Konzeptausarbeitung mitwirken. Eine finale Abstimmung mit der vollständigen Geschäftsführung ist zu empfehlen.

Für die Konzeptionierung spielt es zudem eine Rolle, wie häufig und in welchen Abständen Innovationvorhaben vorkommen und welche Bedeutung am Unternehmenserfolg ein Projekt haben wird. Geringe Häufigkeit und hohe Bedeutung sprechen eher für externe Begleitung beziehungsweise Beratung im Vorhaben. Größere Häufigkeit lässt hingegen die Mitarbeiterqualifizierung oder Mitarbeitereinstellung in den Vordergrund stellen, was allerdings deutlich mehr Zeit erfordert.

In einem Konzept sollten schriftlich festgehaltene Aufgabenbeschreibungen für die verschiedenen Rollen Berücksichtigung finden. Das ist ein wichtiger Punkt, damit Mitarbeiter für eine neue Rolle eine Orientierung finden können. Es ist auch für die kontinuierliche Verbesserung der Arbeiten wichtig. Die Rollenbeschreibungen können später aus wachsender Erfahrung heraus schrittweise präzisiert werden. Das gleiche gilt für die Abläufe und Prozesse. Auch sie geben Orientierung und Handlungshinweise. Schriftliches Fixieren ermöglicht danach einen bereinigenden KVP-Prozess.

In eine Konzeptionierung gehören auch die Scout-Rollen für die Beobachtung der Grundlagenentwicklungen oder die Beobachtung des Marktes für integrierbare Lösungen. Vorstellbar wären Scout-Rollen auch in Vertriebsstellen, etwa zur systematischen Unterstützung der Produktmanagementarbeit vor einem Innovationsprojekt; ein Schritt zur Realisierung erfolgreicher Umsatzentwicklung nach Markteinführungen. Nach den Rollenbeschreibungen und den Rollenbesetzungen sollte geprüft werden, wo den Mitarbeitern in der jeweiligen Rolle noch Qualifikationen fehlen. Diese gilt es umgehend aufzubauen.

In dem Konzept sollten Checklisten und Musterlastenhefte enthalten sein. Allein das Vorhandensein von KVP-gepflegten Musterlastenheften führt zu erheblichen Verbesserungen im Entwicklungserfolg. Es zwingt förmlich zur zielgerichteten Entwicklung und kann dabei behilflich sein, Fehlentwicklungen zu vermeiden. Der Aufwand dafür geht gegen null.

Beispiele für erfolgreiche Innovationen

Basierend auf professionell vorbereiteten Gesprächen mit maßgeblichen Kunden ist die Design Thinking-Methode zu empfehlen. Besonders im Maschinenbau mit Ausrichtung auf ein kundenspezifisches Seriengeschäft kann bis zu einem virtuellen Prototyp oder einem Labormusterbau danach gearbeitet werden. Es hat sich in der Praxis gezeigt, dass ein kurzfristig geliefertes CAD-Modell sofort beim Kunden verarbeitet wird und eine erste Verbesserungsschleife zusammen ausgearbeitet werden kann. In einem konkreten Mandat ist der Ansatz gewählt worden, bereits im Erstgespräch mit den Kunden eine kundenspezifische Modellentwicklung durchzuführen.

Eine Konstrukteurin oder einen Konstrukteur frühzeitig ins Gespräch mit den Kunden zu holen ist in der Praxis des Autors immer sehr positiv aufgenommen worden. Die Kunden haben frühzeitig lösungsnahe Konzepte besprechen können und waren stets sehr zufrieden, auch mit den weiteren Projektverläufen. Zusätzlich merkten die Mitarbeiter der Entwicklung beziehungsweise der Konstruktion, dass sie wertvolle Hilfestellungen geben konnten, verbunden mit deutlichen Motivationsschüben. In der Praxis konnte auch beobachtet werden, dass derartige Projektabläufe positive Nachwirkungen mit sich bringen. Führungskräfte und Teams werden dann zu „Wiederholungstätern“. Eine erfreuliche Art von Multiplikationseffekt tritt auf, mit direkten Auftragserfolgen. Kunden vergessen daraufhin, Wettbewerber anzusprechen.

Ein weiteres Beispiel einer erfolgreichen Innovationkampagne ist nach klarer Strategiedefinition und eindeutiger, motivierender Geschäftsführung möglich gewesen. Ein zweitägiger Innovationsworkshop mit über 50 Führungskräften und der kompletten Geschäftsführung war der Ausgangspunkt für mehrere Innovationsprojekte, die alle erfolgreich in die Praxis überführt werden konnten. Und dies in breiter Ausrichtung: in Richtung Produkt-Innovation, Prozess-Innovation, Dienstleistungs-Innovation und auch, was Führungsleitsätze betraf.

Ansätze von schon erwähnten cross-funktionalen Abwicklungs-Teams lassen sich auch in räumlicher Anordnung realisieren. In der Praxis hat der Autor prozessorientierte, crossfunktionale Arbeitsgruppen räumlich zusammengeführt. Dazu entwickelte das Team eigene Abarbeitungsprozesse mit schneller Reaktion gegenüber Kunden. Kundenspezifische Projektanfragen sind so unmittelbar nach dem Eintreffen aufgegriffen worden; mit Antwort an den Kunden innerhalb von 24 Stunden. Vorher waren es Wochen. Große Bildschirme ermöglichten aktuelle Statusanzeigen für jedermann. Teams haben einen Teil der Führung übernommen, weil sie zum Beispiel Verantwortung für die Anfrageabwicklung übertragen bekommen hatten.

Im Bereich der Entwicklung haben sich Scouts bewährt. Bei Herstellern von Strömungsmaschinen und elektrischen Antrieben sind Entwicklungs-Scouts zum Beispiel für Lager-Technologien, Sensor-Lösungen, Geräuschreduzierung oder zeitweise auch für Oberflächenbeschichtungen und Dichtungstechnologien eingerichtet worden. Scout-Rollen sind darüber hinaus auch für Entwicklungs-Tools eingesetzt worden; zum Beispiel für den Test spezieller CAD-Softwaremodule und für komplexe Simulationsverfahren. Hierzu kann man heute auch die Teilnahme an Online-Experten-Netzwerken rechnen, bei denen die Scouts aktiv mitmachen können. Die Kontaktaufnahme über Netzwerke ist eine sehr interessante Möglichkeit, schnell neue Technologien in Projekte zu integrieren. Zeitverluste durch den Aufbau von eigener Kapazität wird dadurch vermieden. Über diesen Weg beschleunigt sich zudem ein für später geplanter Expertenaufbau im eigenen Haus.

Ein Beispiel für erfolgreiche Innovationsarbeit ist das Zusammenfließen von Ergebnissen aus Scout-Arbeit, gezielter Grundlagenentwicklung mit Hochschulen und externen Technologien und Dienstleistungsanbietern im Bereich Service.

Über diese Kette hat ein Hersteller für sich ein neues Geschäftsmodell für Service-Dienstleistungen aufbauen können. Die Hochschule hat systematisch Signalanalysen an vorgeschädigten Maschinen durchgeführt. Die Interpretation der Signale erfolgte in Zusammenarbeit mit dem Hersteller. Die Scouts lieferten Lösungsansätze für Cloud-Dienstleistungen, über die zentrale Signalanalysen für weltweit verteilte Anlagen erfolgen konnten. Über eine neue Dienstleistungskooperation mit einem global aufgestellten Service-Provider konnte sehr schnell ein aktives Geschäftsmodell vermarktet werden. Der eindringende Wettbewerb konnte so abgewehrt werden.

Resümee

Das Geschäft für den Maschinenbau und den Anlagenbau entwickelt sich sehr dynamisch – und das auf sehr unterschiedlichen Ebenen: bei den Technologien, bei gesetzlichen Anforderungen (zum Beispiel aus Umweltaspekten oder aus wirtschaftlichen Verschiebungen), beim globalisierten Wettbewerb und aufgrund sich wandelnder Interessen von Investorengruppen. Dies fordert geradezu heraus, dass sich Unternehmen dynamisch aufstellen müssen und sich innovationsstark organisieren. Dieser Artikel gibt genau dafür flexibel einsetzbare Handlungsempfehlungen für Umstellungskonzepte und den Organisationsaufbau. Merkmal der Handlungsempfehlungen ist überwiegend die Integrierbarkeit in bestehende Organisationen. Das heißt gleichzeitig: schnelle Umsetzbarkeit. Damit ist auch dynamische Anpassbarkeit gegeben. Für die Veränderungen sind keine kapitalintensiven Investitionen notwendig, vielmehr wird das Führungsverhalten angesprochen und geschickte Anpassung an das dynamische Umfeld. Wettbewerbsfähigkeit durch Führung und Organisation steht im Mittelpunkt.

Lean Management in der Produktion

Götz Stapelfeldt, Interim Executive (EBS), Interim Manager für Produktion, Logistik und Supply Chain Management, Partner der Interim Management Sozietät F&P Executive Solutions AG, Inhaber der GS Industrial Consulting GmbH, Gesellschaft für Interim Management und Beratung

Einleitung

In diesem Beitrag geht es um Lean Management-Methoden in der industriellen Produktion in Theorie und Praxis. Der Fokus liegt im Bereich der praktischen Anwendung und Umsetzung von Lean Management-Methoden zur Prozessoptimierung. Exemplarisch wird jeweils der theoretische Lean-Ansatz dem Praxisbericht gegenübergestellt, um der Leserschaft die Anwendung und Umsetzung im Betrieb zu veranschaulichten. Die Leserschaft soll dadurch die Lean Management-Ansätze verstehen und in der Praxis erfolgreich anwenden und umsetzen können.

Dieser Beitrag richtet sich an Unternehmer, Geschäftsführer und Führungskräfte, die für die Prozessoptimierung im Unternehmen in Fertigung und Montage verantwortlich sind. Dies sind in erster Linie Führungsverantwortliche in der Produktion und Projektmanager, die Lean-Projekte im Produktionsumfeld umsetzten wollen.

Lean Management-Methoden

Es gibt eine Vielzahl von Lean Management-Methoden, die zur Prozessoptimierung und Effizienzsteigerung geeignet sind.

Die zentralen Fragen lauten:

Wie gehe ich bei der Einführung von Lean Management vor?

Was sind die ersten Schritte, um Lean Management erfolgreich im Unternehmen einzuführen?

Was sind die richtigen Lean-Methoden für mein Unternehmen?

Vorgehen bei der Einführung von Lean Management

Vor der Einführung von Lean Management-Methoden ist es wichtig, dass die Mitarbeiter über die geplanten Vorhaben und Projekte informiert werden. Weiterhin muss im Betrieb deutlich aufgezeigt werden, was die Hintergründe für die Einführung von Lean-Methoden sind. Denn bei der Einführung und Umsetzung von Lean-Methoden handelt es sich um Change-Prozesse. Der Change, also die Veränderung (KAIZEN gleich Veränderung zum Besseren) stößt in der Regel zunächst auf große Skepsis oder sogar Ablehnung. In einem Change-Prozess müssen die Betroffenen (Mitarbeitenden) so weit wie möglich zu Beteiligten gemacht werden. Den Mitarbeitenden muss klar vermittelt werden, dass ein „weiter so wie bisher" mittelfristig zu Unternehmensverlusten und langfristig zu Umsatzverlusten und einem Arbeitsplatzabbau führen wird.

Die ersten Schritte bei der Einführung eines Lean Management-Projektes sind wie folgt dargestellt.

In einem ersten Schritt sollte das Lean-Projekt und der Umsetzungsplan mit den verschiedenen Milestones den Mitarbeitenden vorgestellt werden. Anschließend werden die Führungskräfte, die das Lean Management-Projekt umsetzen sollen, entsprechend geschult. Hierbei hat es sich bewährt, die Schulung durch externe Lean Management-Berater, sogenannte *Lean Six Sigma Black Belts* oder auch *Lean Six Sigma Green Belts* durchführen zu lassen.

Für die Einführung und Umsetzung des Lean Managements stehen eine Vielzahl an Methoden zur Verfügung. In dem im Folgenden beschriebenen Praxisbeispiel geht es exemplarisch um die Optimierung des Umrüstungsprozesses an Drehbänken.

Praxis-Beispiel

Optimierung des Umrüstungsprozesses an Drehbänken (SMED)

Die Abkürzung *SMED* steht für *Single Minute Exchange of Die* und bezeichnet ein Verfahren, das die Rüstzeit einer Produktionsmaschine oder einer Fertigungslinie reduziert. Entwickelt wurde das Verfahren von Shigeo Shingō im Rahmen des Toyota-Produktionssystems (TPS). Mit dieser Methode werden die Rüstzeiten durch organisatorische und technische Maßnahmen so weit wie möglich verkürzt.

Das Rüsten umfasst dabei nicht nur den eigentlichen Werkzeugwechsel an der Maschine, sondern den gesamten Wechsel, der für eine Umstellung der Fertigung eines Produkts an diesem Arbeitsmittel notwendigen Änderungen – auch in Bezug auf Teile, Betriebs- und Hilfsmittel. Unter Rüstzeit wird dabei die Zeit von der Produktion des letzten Teils des alten Fertigungsloses bis zum ersten des neuen Fertigungsloses verstanden, inklusive der Bereitstellung des neuen Materials und der Einstellung der Maschine.

Im Rahmen eines Interim-Mandates bei einem Schweizer Textilmaschinenherstellers habe ich einen sehr erfolgreichen, mehrwöchigen SMED-Workshop durchgeführt. Ausgangslage, Problemstellung, Zielsetzung und Lösungsansatz werden im Folgenden beschrieben.

Ausgangslage

Die Firma ist ein mittelständischer Textilmaschinenhersteller mit einem Umsatz von 220 Millionen Schweizer Franken und 600 Mitarbeitenden. Das Unternehmen entwickelt und produziert Maschinen und Anlagen für die Textilveredlung. Die Textilveredelung ist ein Bereich der Textiltechnik. Sie schließt sich an die Textilerzeugung an. Es sind in erster Linie Prozesse, die zwischen der Herstellung und der Weiterverarbeitung des Textils angesiedelt sind. Ziel der Textilveredelung ist die Vollendung des Produktionszyklusses von Textilien, um die geforderten technologischen und chemischen Eigenschaften des späteren Einsatzzweckes möglichst gut zu erfüllen.

Problemstellung

Ein Produktionsbereich mit rund 70 Mitarbeitenden in sechs Abteilungen konnte aufgrund zu langer Durchlaufzeiten in der Fertigung die branchenüblichen Lieferzeiten nicht mehr erfüllen. Dies führte zur Stornierung von wichtigen Kundenaufträgen und somit zu erheblichen finanziellen Verlusten.

Die gesamte Wertschöpfungskette von der Produktionsplanung über die verschiedenen Produktionsprozesse bis hin zur Schnittstelle in die Montage-Abteilung wiesen gravierende Mängel auf. In Zusammenarbeit mit der Geschäftsleitung wurden diverse Lean-Projekte und Umsetzungsmaßnahmen definiert, um das Tagesgeschäft sicherzustellen und die Lieferfähigkeit des Unternehmens entscheidend zu verbessern.

Ein wichtiges Lean-Projekt betraf die Optimierung des Rüstprozesses im Bereich der mechanischen Fertigung von Chromstahl-Walzen. Ein wichtiges Bauteil der Textilveredelungsanlagen sind die sogenannten Walzen. Mit Hilfe dieser Walzen werden die Textilstoffe durch die bis zu 40 Meter langen Anlagen befördert. Da die Textilstoffe in den Anlagen hauptsächlich mit Laugen behandelt werden, müssen die Walzen aus korrosionsbeständigem Chromstahl hergestellt werden. In jeder Anlage werden ca. 100 dieser Walzen verbaut.

Zielsetzung

Um die Produktivität der Walzenherstellung massiv zu steigern und die Stückzahlen pro Schicht zu erhöhen, sollten die Rüstzeiten an den diversen Drehbänken massiv reduziert werden. Als Ziel wurde 50 Prozent Reduktion der Rüstzeiten festgelegt.

Lösungsansatz

In einem ersten Schritt wurde eine Analyse des Rüstprozesses durchgeführt. Unter meiner Leitung als Projektleiter wurde ein Beobachtungsteam von insgesamt vier Mitarbeitern zusammengestellt. Folgende Aufgaben wurden an das Beobachtungsteam erteilt:

- zwei Mitarbeiter erstellten ein sogenanntes Spaghetti-Diagramm,
- ein Mitarbeiter war für die Zeitaufnahme des Gesamtprozesses verantwortlich,
- ein Mitarbeiter beobachtete und notierte die Reihenfolge der verschiedenen Umrüsttätigkeiten.

Was ist ein Spaghetti-Diagramm?

Das Spaghetti-Diagramm ist eine Methode zur Visualisierung von Arbeitsabläufen und Materialflüssen. Die Verschwendungsarten wie unnötige Transporte und Bewegungen lassen sich mit Hilfe des Spaghetti-Diagramms anschaulich visualisieren. Innerhalb des Layouts des Produktionsbereiches werden die zurückgelegten Wege während des Rüstprozesses in Form von Linien eingetragen. Aus dieser Dokumentation lassen sich anschließend Maßnahmen zur Rüstzeitreduktion ableiten.

Die Ergebnisse der ersten Analyse waren dramatisch:

- Anhand der Spaghetti-Diagramme war klar erkennbar, dass viele Werkzeuge für das Umrichten der Drehbänke in einem weit entfernten Zentrallager aufbewahrt wurden. Dies führte zu unnötig langen Wegen für das Holen und Zurückbringen der Werkzeuge. Der Grund für die zentrale Lagerung der Rüstwerkzeuge lag darin, dass die Werkzeuge für mehrere Bearbeitungsmaschinen benötigt werden.
- Aufgrund ungenügender Ablagemöglichkeiten für die Rüstwerkzeuge in unmittelbarer Nähe der Drehbänke entstand ein zusätzlicher Wege- und Zeitaufwand beim Umrüsten.

- Da teilweise mehrere Drehbänke gleichzeitig umgerüstet werden mussten, und einige Rüstwerkzeuge nur einmal vorhanden waren, entstanden zusätzliche Warte- und Transportzeiten.

- Die Analyse der Reihenfolge der verschiedenen Rüsttätigkeiten ergab, dass gewisse Rüstschritte bereits vor dem eigentlichen Rüsten durchgeführt werden könnten. Das bedeutete, einige der internen Rüsttätigkeiten konnten zu externen Rüsttätigkeiten verschoben werden.

In einem zweiten Schritt wurde der gesamte Rüstprozess visualisiert. Hierzu wurden alle Einzelschritte mit Hilfe von Post-It-Aufklebern auf einem großen Papierbogen in der beobachteten Reihenfolge aneinandergereiht.

Im nächsten Schritt wurden alle Rüstschritte markiert, die grundsätzlich noch während der Bearbeitungszeit der Drehbänke durchgeführt werden können. Diese Rüstschritte können also vor dem eigentlichen Rüstprozess erledigt werden, wie z.B. das Bereitstellen aller notwendigen Werkzeuge, Vorrichtungen und Materialien, die zum Umrüsten notwendig sind. Diese sogenannten internen Rüstvorgänge werden durch die Durchführung während der Laufzeit der Maschinen zu sogenannten externen Rüstvorgängen und verlängern somit die Produktivzeit der Maschinen. Somit konnte die eigentliche Umrüstzeit gleich Maschinen-Stillstandszeit bereits verkürzt werden.

Nach der ersten Optimierungsschleife und der Umstellung des Rüstprozesses erfolgte eine zweite Analyse.

Die Analyse wurde mit dem gleichen Beobachtungsteam mit gleicher Rollenverteilung wie bei der ersten Analyse durchgeführt. Der Rüstprozess wurde dabei aber durch einen anderen

Mitarbeiter durchgeführt. Es zeigte sich, dass der nun eingesetzte Mitarbeiter den Rüstprozess in einer etwas anderen Reihenfolge vornahm. Die Ergebnisse der Analyse führten zu weiteren Ideen zur Prozessoptimierung des gesamten Rüstprozesses.

Zum Abschluss des Projektes wurde der neu definierte Rüstprozess in Form von Checklisten und Standardarbeitsblättern schriftlich dokumentiert. In dieser Dokumentation wurden die Regeln und alle beim Rüsten notwendigen Handgriffe der daran Beteiligten festgelegt. Abweichungen und Störungen konnten somit rasch erkannt werden.

Eingeleitete Maßnahmen

Aufgrund der Analysen und der Auswertung der Analyse-Ergebnisse wurden folgende Optimierungsmaßnahmen definiert und umgesetzt.

- Soweit wie möglich wurden interne Rüstschritte zu externen Rüstschritten verschoben;
- Beschaffung des nötigen Rüstwerkzeugsatzes für jede einzelne Bearbeitungsmaschine;
- Platzierung der Rüstwerkzeuge in unmittelbarer Nähe der Drehbänke;
- Installation von zusätzliche Ablagemöglichkeiten an den Bearbeitungsmaschinen;
- Dokumentation des Rüstprozesses in Form von Checklisten und Standardarbeitsblättern.

Weiteres Vorgehen

Um die erreichten Ziele nachhaltig zu etablieren, wurden alle Mitarbeitenden, die die Bearbeitungsmaschinen umrüsten, entsprechend geschult und trainiert. Einen Monat nach Einführung aller definierten Maßnahmen wurde eine erneute Zeitaufnahme bei mehreren Rüstvorgängen durchgeführt.

Ergebnisse

Das erreichte Ergebnis hat alle im Team überrascht.

Das anfänglich definierte Ziel von 50 Prozent Rüstzeitreduktion wurde deutlich übertroffen. Die erreichte Rüstzeitreduktion betrug 70 Prozent. Die jährliche Wegreduktionen betrug 670 Kilometer pro Bearbeitungsstation.

Fazit

Maßgeblich für den Projekterfolg war eine projektbegleitende intensive Kommunikation. Ein wesentlicher Faktor zum Gelingen dieses Changeprozesses lag in der klaren und offenen Kommunikation gegenüber der Belegschaft. Ich initiierte wöchentliche Shopfloor-Meetings, auf denen der Projektfortschritt besprochen und transparent visualisiert wurde. Nur durch diese regelmäßige Kommunikation, konnten die Beteiligten mit ins Boot geholt und die gesteckten Ziele erreicht werden.

Die Herausgeber

Die Herausgeber Jürgen Becker und Dr. Harald Schönfeld gelten als langjährige Insider und gut vernetzte Szene-Kenner im Markt für Interim Management der DACH-Region (Deutschland, Österreich, Schweiz). Beide verfügen über jeweils rund 20 Jahre Erfahrung im Interim-Geschäft. Beide waren mehrere Jahre Vorstandsmitglieder des AIMP (Arbeitskreis Interim Management Provider (https://www.aimp.de/), sind Buchautoren, Moderatoren und gesuchte Redner bei Fachtagungen und Schulungen zum Thema Interim Management. Jürgen Becker war zudem Co-Autor der jährlichen renommierten AIMP-Providerstudie (Von den Anfängen 2005 bis zum Jahr 2017). https://www.aimp.de/aimp-umfragen/aktuelle-aimp-umfragen

Sie sind die Gründer (2017) und Geschäftsführer der Unitd Interim GmbH (https://www.unitedinterim.com/), der führenden Online-Plattform für Interim Management in der DACH-Region.

United Interim ist der einzige Anbieter im Interim-Business mit Services für Unternehmen, Interim Manager, Interim-Provider sowie ausgewählte Drittanbieter, die Leistungen für Interim Manager anbieten. Als Business-Ökosystem hebt diese digitale „4-sided-platform“ in offener und nicht proprietärer Weise bislang ungenutzte Synergien im Markt.

Autorenverzeichnis

Dr. Harald Schönfeld

Jürgen Becker

Eckhart Hilgenstock

Peter Lüthi

Hans Rolf Niehues

Manfred Richter

Michael Weimar

Falk Janotta

Dr. Uwe Seidel

Götz Stapelfeldt

Die Auflistung erfolgt in der von den Herausgebern festgelegten Reihenfolge der Kapitel. Diese ist so zusammengestellt, dass die Kapitel in inhaltlich sinnvoller Abfolge erscheinen, um einen reibungslosen Lesefluss zu gewährleisten.

Dr. Harald Schönfeld

Dr. Harald Schönfeld, Diplom-Volkswirt, Universität Trier. Post-Graduate Zusatzstudium „Innovationsmanagement“, Technische Universität Berlin. Promotion in Wirtschafts- und Sozialwissenschaften (Dr.rer.soc. oec.), Wirtschaftsuniversität Wien.

Nach dem Studium Karriere als angestellter Manager: Positionen im Marketing und Vertrieb, vor allem in großen, international tätigen Konzernen, insbesondere im Health Care-Bereich.

Seit 2003 im Interim Management-Business tätig. Co-Gründer und Co-Geschäftsführer der United Interim GmbH (www. unitedinterim.com), dem ersten digitalen Branchen-Ökosystem. Zudem führt er als Gründer und Geschäftsführender Gesellschafter die butterflymanager GmbH (www. butterflymanager.com), einen klassischen Provider mit nationalen und internationalen Interim Management-Projekten: Besetzung von C-Level Positionen, erste und zweite Führungsebene und Projektleitungen. Parallel hat er sich acht Jahre in der Branche als Stellvertretender Vorsitzender der Branchenvereinigung AIMP (Arbeitskreis Interim Management Provider) in Deutschland, der Schweiz und Österreich engagiert.

Dr. Harald Schönfeld hält Vorträge, unter anderem als Keynote-Speaker, leitet Fachkonferenzen und ist Autor und Herausgeber mehrerer Fachbücher im Bereich Interim Management, unter anderem des Standardwerkes „Karriere-Handbuch für Interim Manager" (zusammen mit Prof. Dr. Günther Singer und Jürgen Becker).

Ebenfalls ist er Herausgeber (zusammen mit Jürgen Becker) der Fachbuchreihe „Von Interim Managern lernen". Er ist aktives Mitglied und Autor im globalen Think Tank Diplomatic Coucil (DC) mit Beraterstatus bei den Vereinten Nationen (UNO). Seit 2022 ist er Dozent für Interim Management an der Steinbeis Augsburg Business School.

Jürgen Becker

Co-Gründer und Co-Geschäftsführer der United Interim GmbH.

Zudem ist er Eigentümer des Interim Management Providers Manatnet (www.manatnet.com) – mit dem Schwerpunkt bei Digitalisierungsthemen mittelständischer Unternehmen.

Davor Erfahrungen als internationaler Banker in Berlin, Frankfurt und London sowie als Internet-Spezialist seit 1995 bei Burda Medien sowie debis Systemhaus und Accenture.

Eckhart Hilgenstock

Eckhart Hilgenstock ist Interim Executive (EBS), Interim Manager des Jahres 2012 (AIMP), Top Interim Manager im *Manager Magazin* 10/2021 und in *Capital* 01/2022 (Beilage).

Seine Kunden schätzen den Wert, den er durch profitables Wachstum und B2B-Digitalisierung mit den Kundenteams gemeinsam schafft. Häufig sind dies Marketing-, Business Development- und Verkaufsmandate.

Der neutrale Blick und die Impulse von außen fördern neue Lösungen. Schnell. Das Licht am Ende des Tunnels wird sichtbar. Sein Angebot:

- Verkauf effizienter gestalten, Auftragseingang steigern und Kundenerlebnis verbessern.
- Digitale Transformation leiten und Mitarbeiter zur Veränderung und zum Erfolg führen.
- Komplexe Projekte erfolgreich gestalten sowie Prozesse und Business Rhythmus strukturieren.

Arbeitsweise:

- Er rückt den Kunden ins Zentrum seines Denkens
- Er bringt Struktur ins digitale Geschäft und erzielt dadurch schnell Ergebnisse.

- Qualität und transparente Kommunikation zeichnen ihn aus.
- Er kommt, um zu gehen: „Entwickle Nachhaltigkeit und fördere Selbständigkeit!“
- Er handelt ehrlich, fair und vermeidet Überraschungen.
- Der Mensch steht für ihn im Vordergrund. Wenn der/die Mitarbeiter:in sich wohlfühlt, dann ruft er/sie mit Freude die beste Leistung ab. Und liefert außergewöhnliche Ergebnisse!

Kontakt:

Eckhart Hilgenstock
Meisenweg 27
22926 Ahrensburg

Email: heh@hilgenstock-hamburg.de
Phone: +49 4102 498 999 0
Mobil: +49 176 103 209 28
Web: www.hilgenstock-hamburg.de

Peter Lüthi

Erstausbildung: Maschinenzeichner-Lehre. Studien: Fachhochschule der Elektrotechnik / Betriebs-Ingenieur.

Durch meine Karriere haben sich zwei rote Fäden gezogen. Der eine ist Führung und Management, was ich im Fachbeitrag ausführlich beschreibe. Inzwischen darf ich auf mehr als 45 Jahre Führungserfahrung aus Militär (Miliz-Offizier der Schweizer Armee bis zum Rang eines Majors), aus den beruflichen Tätigkeiten und auch als Chordirigent zurückblicken. Projekt-Management zähle ich zu mindestens 50 Prozent ebenfalls zu Führung und Management.

Die anderen 50 Prozent von Projekt-Management ist die Expertenkompetenz, wie man ein Projekt vorbereitet, strukturiert, plant, steuert und überwacht. Dieses Fachwissen habe ich mir in Kursen und aus der Praxis bei unzähligen Projekten angeeignet. Abgerundet werden die theoretischen Kenntnisse von Projektmanagement aus meiner Tätigkeit als Dozent an einer höheren Fachschule für Technologie und Management. Dabei stütze ich mich auf das Modell von Heinz Scheuring.[54]

Meine hauptsächliche Expertenkompetenz besitze ich jedoch im Bereich Produktion und Logistik im industriellen Umfeld. Schon mein erster Job nach der Fachhochschule war in einer Produktion, als Entwicklungsingenieur für Betriebsmittel. Dabei wurde ich vom „Virus Produktion" infiziert und das begleitet mich bis heute. Als junger Ingenieur war ich fasziniert von den von Japan herkommenden JIT-Konzepten. Später habe ich mich intensiv mit den Methoden von Prof. Wildemann von der

TU-München auseinandergesetzt und ich durfte auch als Referent an seinen Seminaren auftreten. Die gesamte Entwicklung von Lean Production begleitete ich aktiv und ich verfolge auch Industrie 4.0, sowohl aus der Theorie wie aus der Praxis.

Mein Spezialgebiet ist die Entwicklung und Implementierung eines gesamtheitlichen Produktionssystems. Jede produzierende Firma hat ein Produktionssystem. Vielen ist es jedoch nicht bewusst und es ist nicht dokumentiert. Das berühmteste Produktionssystem ist sicher dasjenige von Toyota. Kopieren kann man es nicht, es muss exakt auf den eigenen Mark und die Firmenstrategie ausgerichtet werden. Im Laufe meiner langen Karriere habe ich mir eine umfangreiche „Tool-Box“ angelegt. Daraus kann ich, wie aus einzelnen Puzzle-Steinen, ein spezifisches System entwickeln.

Mit PL-Consulting bietet ich eine kluge Kombination von Management und Experten-Kompetenz.

Kontakt:

Peter Lüthi
Inwilerriedstrasse 47
6340 Baar
Schweiz

Email: info@pl-consulting.ch
Phone: +41 79 356 5924
Web: http://www.pl-consulting.ch

Hans Rolf Niehues

Interim Manager / Change Agent seit 1997. Master of International Management (MBA), International Management (Finance and Marketing); Thunderbird Campus, American Graduate School of International Management, Glendale, AZ/USA Diplom-Betriebswirt, Betriebswirtschaft (Marketing und Außenhandel): FH Osnabrück und FH Münster Diplôme d' Études Françaises, Université Montpellier III Paul Valery, Montpellier, Frankreich.

International erfahren, interkulturell, mehrsprachig (Englisch Französisch, Spanisch, Niederländisch); Schwerpunkt Unternehmenssteuerung: ERP-System-Integration, Rechnungslegung, Controlling; analytischer Problemlöser prozessorientierter Umsetzer, mitarbeiterorientierter Handwerker, vertriebsbewusster Controller, strategie- und marktfokussierter Navigator, IT-erfahrener Systemintegrator.

Branchen: Automobilzulieferung, Baunebengewerbe; Chemie, Dienstleistung, Elektro, Flugzeugzulieferung, Grundstoffe, Handel, Keramik, Konsumgüter, Lohnfertigung, Maschinen- und Anlagenbau, Nahrungsmittel, Papier, Sanitär, Yachtbau, Verpackung, Pharma, Dental, Solartechnik.

Kontakt:

Hans Rolf Niehues
Gartenstrasse 23
48431 Rheine

Email: HansRolf.Niehues@UnternehmensPartner.NET
Phone: + 49 5971 - 40 15 50
Mobil: + 171 - 41 54 679
Web: http://www.unternehmenspartner.net/

Manfred Richter

Interim Manager Manfred Richter war zu Beginn seiner Karriere drei Jahre Entwicklungsingenieur und danach zwei Jahre Projektleiter für dezentrale Maschinenperipherie bei Siemens Automation & Drives, Werkzeugmaschinenantriebe und -steuerungen.

Eine gezielte Querversetzung zur Vernetzung der Bereiche Entwicklung und Einkauf führte ihn in den technischen Einkauf.

Zunächst als „kaufmännische Zusatzqualifikation" gedacht, realisierte er schnell, welche Entwicklungsmöglichkeiten ihm dort offenstanden. Vor allem: welches enorme Potenzial in einer guten, bereichsübergreifenden Zusammenarbeit liegt. Der nächste Meilenstein war, dass Manfred Richter ab 1996 in China Lieferanten qualifizierte und ein Joint Venture in Nanjing einkaufsseitig betreute.

Es folgten mehrere Führungsfunktionen in weiteren namhaften Unternehmen und mehrere Branchen. Für die Otto Bock HealthCare hat Manfred Richter ein „Corporate Procurement Network" für sechs internationale Standorte aufgebaut und zehn Jahre geführt.

Seit 2016 ist Manfred Richter als Interim Manager und Consultant mit dem Schwerpunkt technischer Einkauf tätig: sieben abgeschlossene Projekte, mehrere Branchen, unterschiedlich große Firmen mit sehr unterschiedlichen Firmenkulturen. Dabei deckt er eine große Bandbreite ab:

- hands-on Einkaufsleiter, wobei auch an Einkaufsprozessen und an der -organisation gearbeitet wird;

- Benchmark- und Beratungsprojekte zu Einkaufsprozessen und zur Einkaufsorganisation, einschließlich der Schnittstellen und der Gestaltung der Zusammenarbeit mit allen Bereichen:

- Optimierung der Wertschöpfungstiefe, make-or-buy-Betrachtungen „ohne Abteilungsinteressen";

- trouble-shooting Projekte zum Halten von stark gefährdeten Lieferterminen oder Serienanläufen, Optimieren der Lieferantenbasis einschließlich Risk Management .

Kontakt:

Interim Management Manfred Richter
Akazienallee 3
34225 Baunatal

Email: Manfred.Richter.Interim@outlook.de
Mobil: +49 (0)171 57 88 217
Web: https://richter-interim-einkaufsmanagement.de

Michael Weimar

DC Mitglied Michael Weimar ist Interim Manager und zertifizierter Change-Management Practioner (PROSCI®).

Dabei unterstützt er Industrieunternehmen als strategischer Visionär und operativer Macher. Vor allem mittelständische Unternehmen buchen ihn als Projekt- und Change -Manager mit den Schwerpunkten Transformationsprozesse, Digitalisierungsprojekte, Carve-out und Unternehmensverlagerung. Die Generierung des Projekterfolges stützt er dabei auf zwei untrennbare und gleichsam bedeutende Säulen; Lieferung des Projektergebnisses (output) und Erzielung nachhaltigen Kundennutzens und Wirkung (outcome).

Mit inzwischen 15 Jahren Erfahrung gilt Michael Weimar heute als einer der erfahrensten professionellen Interim Manager am Markt. Von der Ausbildung her ist Michael Weimar Diplom-Ingenieur Maschinenbau. Nach 20-jähriger erfolgreicher Karriere als Angestellter in Management-Funktionen von Einheiten von bis zu 200 Mitarbeitern, entschied er sich vor 15 Jahren für den Schritt in die Selbstständigkeit.

Seine Hauptmotivation war und ist die Möglichkeit, als Interim Manager ganz gezielt an Projekten und Themen zu arbeiten, die seinen Stärken und Leidenschaften entsprechen: Organisatorische Geschäftsentwicklung, Prozessinnovation und Transformation / Change. In einer zunehmend globaler werdenden Welt kombiniert er seine Fachkenntnisse gerne mit seiner ausgeprägten interkulturellen Expertise. Auch wenn heute vor allem mittelständische Unternehmen aus Deutschland zu seinen Kunden gehören, schwärmt er immer noch von Auslandsaufenthalten, wie einem vierjährigem Aufenthalt in China als General Manager für den chinesischen Markteintritt.

Sein Vorgehen ist geprägt durch Pragmatismus im Lösungsansatz, aber auch durch Wertschätzung und Empathie mit dem Ziel einer besseren Unternehmenskultur und dem Schaffen größerer Freiheiten. Zu seinen Kunden gehören Unternehmen-des Maschinen- und Anlagenbaus sowie der Bauzulieferindustrie, der Chemie, der Kunststofftechnik, der elektrischen Messtechnik, Lasertechnologie, der Leuchten-Technologie sowie aus dem Bereich der Konsumgüterartikel (FMCG). Das ermöglicht ihm einen wertvollen „Cross Industry"-Blickwinkel, der gerade innovativen Unternehmen zu Gute kommt.

Die Bewältigung von Krisensituationen sowohl im beruflichen Kontext als auch im privaten Umfeld, hat seinen Blickwinkel-verändert und sein Bewusstsein, die eigene Person ernst, aber dennoch nicht zu wichtig zu nehmen. Krisen sind für ihn heute deshalb positive Herausforderungen. Unzertrennbar sind hierbei Sach- und Personenebenen. Geboren in Wiesbaden, aber auch international zu Hause, setzt er gemeinsam mit seiner Frau Digitalisierungs- und Transformationsprojekte um.

Kontakt:

Michael Weimar
Panoramastr.27
65199 Wiesbaden

Email: michael.weimar@weimar-interim.de
Phone: +49 611-334 828 66
Mobil: +49 152 034 161 52
Web: www.weimar-interim.de

Falk Janotta

Falk Janotta ist ein Manager, der die Informationstechnologie seit 1979 aktiv begleitet und in dieser Zeit als Programmierer, Berater, Projektleiter, IT-Manager, CIO und seit 2004 als selbständiger IT-Interim Manager in vielen Unternehmen gearbeitet hat. Für ihn ist die IT weder ein Selbstzweck noch eine rein technisch zu betrachtende Funktion im Unternehmen.

Der Wertbeitrag der IT im Unternehmen ist entscheidend und dafür sind unternehmerisches Denken, Neugier auf die zukünftigen technologischen Entwicklungen und als wichtigstes Element wertschätzende Führung und Empathie notwendig. Falk Janotta verkörpert diese Werte als Manager, Unternehmer und Mensch.

Kontakt:

Falk Janotta Unternehmensmanagement
Theodor-Heuss-Straße 32
97204 Höchberg

Email: info@falkjanotta.de
Mobil: +49 179 4764647
Web: www.falkjanotta.de

Dr. Uwe Seidel

Dr. Uwe Seidel ist gelernter Elektromaschinenbauer, spezialisiert auf elektrische Antriebstechnik. Er absolvierte ein Universitätsstudium im Maschinenbau, Vertiefungsrichtung Energietechnik und promovierte im Strömungs-/Turbomaschinenbau.

Nach verschiedenen Bereichsleitungsverantwortungen bei Technologieführern übernahm Dr. Uwe Seidel geschäftsführende Aufgaben in deutschen und amerikanisch/deutschen Kapitalgesellschaften, bevor er als geschäftsführender Gesellschafter neue Unternehmen gründete und sie nach kurzer Zeit erfolgreich an den Markt führte. Aus diesen Selbständigkeiten heraus übernahm Dr. Uwe Seidel als Interim Executive der European Business School (EBS) erste Interim Manager-Mandate und machte dies zu seinem heutigen Schwerpunkt.

Bereits seit 2000 sammelte er Erfahrung mit der Entwicklung von Geschäftsfeldern und Technologien, die heute als Erfolgstechnologien im Bereich Digitalisierung und Indutrie 4.0 gelten. Dies untermauert Dr. Uwe Seidel gezielt mit Change-Maßnahmen mit dem Ziel, im hohen Maße existierende Belegschaften von Unternehmen in diese Themen aktiv einzubinden. Es existieren verschiedene Publikationen von ihm zu diesen Themen.

Ein wesentliches Merkmal seines Führungsstils ist die Vertrauensbildung auf Basis individueller Fertigkeiten, Qualifikation und Leistung. Er legt großen Wert darauf, die Unternehmensziele an Arbeitsplätzen verständlich darzustellen und deutlich zu kommunizieren, Transparenz zu schaffen und zu halten und damit Zuverlässigkeit und Nachhaltigkeit zu generieren. Wichtig ist für ihn zudem die Übertragung von Verantwortung auf begründeter Vertrauensbasis. Er schafft es stets, Mut und Motivation für Herausforderungen und Veränderungen aufzubauen. Und nicht zuletzt ist seine Hands-on-Mentalität in Entwicklung, Produktion und Geschäftsdaten-Analyse ein Schlüssel für den Erfolg.

Er führte Beratungs- und Projektmanagement-Projekte im Bereich Engineering, Operations Management, Change Management und Restructuring durch. Als Interim Manager hatte er Positionen als COO, CTO, Head of Business Unit und Head of R&D inne. Seine Fachkompetenz erstreckt sich über Engineering, Operations, FuE, operative Restrukturierung, Gründungen und Post-Merger-Integration. Sein Branchenfokus: Maschinenbau, Elektrotechnik und Anlagenbau.

Hohe Wirksamkeit erreicht Dr. Uwe Seidel auch als Equity Partner der F&P Executive Solutions AG, der Interim Management-Sozietät unter anderem für Managementaufgaben in der Investitionsgüter-Industrie.

Kontakt:

Dr.-Ing. Uwe Seidel
Interim Manager im Maschinenbau u. Anlagenbau
Lerchenheid 5
97616 Salz

Email: us@dr-seidel-management.de
Mobil: +49-160-2762089
Web: www.dr-seidel-management.de

Dipl.-Ing. Götz Stapelfeldt

Götz Stapelfeldt unterstützt mittelständische Unternehmen darin, ihre Effizienz und Effektivität in Produktion, Logistik und im Supply Chain Management zu steigern. Unternehmen profitieren davon durch verkürzte Durchlaufzeiten, Kostenreduktion, höhere Kundenzufriedenheit, größere Mitarbeitermotivation und eine stärkere Wettbewerbsfähigkeit.

Dafür bringt Götz Stapelfeldt seine dreißigjährige Berufserfahrung mit Prozessoptimierung und Lean Management-Methoden wie KAIZEN und KVP mit großer Leidenschaft ein.

Götz Stapelfeldt war als COO, Werk- und Produktionsleiter bei führenden, mittelständischen Unternehmen im Maschinenbau und in der Metall- und Elektroindustrie sehr erfolgreich tätig. Einer seiner Schwerpunkte ist die Optimierung der Produktionsprozesse, zum Beispiel die Reduzierung der Umrüstzeiten in der Fertigung und die Verbesserung der Werkslogistik durch Layout-Optimierung.

Als zertifizierter „Green Belt Lean Six Sigma"-Berater hat Götz Stapelfeldt bei mittelständischen Industrieunternehmen Produktionsabläufe optimiert und damit die Effizienz in der Fertigung nachweislich markant gesteigert.

Er ist bereits seit 2007 als Interim Manager für mittelständische Industrieunternehmen als COO, Werkleiter und Produktionsleiter erfolgreich aktiv.

Kontakt:

GS Industrial Consulting GmbH
Brunnenrain 23
CH-5735 Pfeffikon LU

Email: info@gsic.ch
Mobil CH: +41 79 699 69 89
Mobil DE: +49 177 395 76 86
Web: www.gsic.ch

Bücher im DC Verlag

Denken 4.0 – Welt im Umbruch. Was die klügsten Köpfe eines globalen Think Tank über unsere Zukunft denken. Buddhi K. Athauda, Thi Thai Hang Nguyen, Andreas M. Dripke, 332 Seiten, Hardcover, ISBN: 978-3-947818-00-6

Mein Atomknopf ist größer – America vs. North Korea, Jamal Qaiser, 184 Seiten, Paperback, ISBN: 978-3-947818-01-3

Stasi 2.0 – Wie wir durch den staatlich-industriellen Digitalkomplex zu gläsernen Bürgern werden und was das für unsere Zukunft bedeutet, Andreas Dripke, Markus Miksch, 444 Seiten, Paperback, ISBN: 978-3-947818-05-1

Rechtsruck – Wie das Wiedererstarken des Nationalismus Deutschland in die Katastrophe führt, Anonyme Autoren, 660 Seiten, Paperback, ISBN: 978-3-947818-06-8

Pandemie – Die Welt im Corona-Krieg, Andreas Dripke, Markus Miksch, 148 Seiten, Paperback, ISBN: 978-3-947818-13-6

Covid-19 Falsche Pandemie – Die fatalen Fehler der WHO und ihre verhängnisvollen Folgen, Jamal Qaiser, Markus Miksch, 234 Seiten, Paperback, ISBN: 978-3-947818-15-0

75 Jahre UNO – Macht und Ohnmacht der Vereinten Nationen, Andreas Dripke, Hang Nguyen, 336 Seiten, Paperback, ISBN: 978-3-947818-07-5

Die Dekade 2020-2030 – Das kommt auf uns zu!, Andreas Dripke, Hang Nguyen, 360 Seiten, Paperback, ISBN: 978-3-947818-17-4

Corona und Impfen, Andreas Dripke et al., 188 Seiten, Paperback, ISBN 978-3-947818-18-1

Hacker – Angriff auf unsere Computer-Zivilisation, Anonyme Autoren, 432 Seiten, ISBN 978-3-947818-23-5

Migration nach Europa – Wir schaffen das und die Folgen, Anonyme Autoren, 510 Seiten, Paperback, ISBN 978-3-947818-32-7

Auto – Vom Diesel-Desaster bis zum selbstfahrenden E-Auto, Autorengemeinschaft Diplomatic Council, 572 Seiten, Paperback, ISBN 978-3-947818-09-9

Digitale Disruption – Alles wird anders, Andreas Dripke et al., 216 Seiten, Paperback, ISBN 978-3-947818-34-1

Interim Manager berichten aus der Praxis: Automotive, Reihe „Von Interim Managern lernen", Jürgen Becker, Ulf Camehn, Ludek Cermak, Hanno Goffin, Ralf-Peter Hanrieder, Dr. Dr. Stefan Hohberger, Andreas Kälber, Dr. Gerhard Müller-Spanka, Frank P. Neuhaus, Christine Pfisterer, Christian Ritzer, Dr. Harald Schönfeld, Jane Enny van Lambalgen, 400 Seiten, Paperback, ISBN 978-3-947818-29-7

Alles über Künstliche Intelligenz – Woher sie kommt, wie sie denkt, wohin sie führt, Dr. Horst Walther, Andreas Dripke, 212 Seiten, Paperback, ISBN 978-3-947818-25-9

Die biometrische Vermessung der Menschheit, Andreas Dripke et al., 212 Seiten, Paperback, ISBN 978-3-947818-39-6

Inside WHO – Dr. Tedros und die Weltgesundheitsorganisation, Andreas Dripke et al., 124 Seiten, Paperback, ISBN 978-3-947818-27-3

Welt ohne Bargeld – Bitcoin und andere Kryptowährungen, Andreas Dripke, Stephanie Stoerk, 178 Seiten, Paperback, ISBN 978-3-947818-41-9

Apple Car – Wie der iKonzern das Auto neu erfindet, Andreas Dripke et al., 296 Seiten, Paperback, ISBN 978-3-94-7818-43-3

Europa am Scheideweg – Was Europa tun muss, um seine Zukunft zu retten, Andreas Dripke, Hang Nguyen, Dr. Horst Walther, Paperback, ISBN 978-3-947818-65-5

Hilfe, wir werden gechippt! – Vom Mikrochip unter der Haut bis zum Hirnschrittmacher, Andreas Dripke et al., 176 Seiten, Paperback, ISBN 978-3-947818-55 -6

Denken 5.0 – Was die klügsten Köpfe eines globalen Think Tank über unsere Zukunft denken; Andreas Dripke, Claude Piel, Detlef Schmuck, Dr. Harald Schönfeld, Helmut von Siedmogrodzki, Stephanie Stoerk, Dr. Horst Walther;
292 Seiten, Paperback, ISBN 978-3-94-7818-36-5

Cyber War – Die digitale Bedrohung, Marc Ruberg et al., 244 Seiten, Paperback, ISBN 978-3-947818-45-7

Digitale Identität, Andreas Dripke et al., 164 Seiten, Paperback, ISBN 978-3-947818-53-2

2045 – Das Jahr, in dem die Künstliche Intelligenz schlauer wird als der Mensch, Dr. Horst Walther, Andreas Dripke, 106 Seiten, Paperback, ISBN 978-3-947818-57-0

Ewige Pandemie – Freiheit ade, Andreas Dripke, Markus Miksch, 208 Seiten, Paperback, ISBN 978-3-947818-59-4

Apple Agenda – Welche Märkte der iKonzern künftig revolutionieren wird, Andreas Dripke et al., 260 Seiten, Paperback, ISBN 978-3-947818-47-1

Der digitale Euro – Computergeld statt Bares, Andreas Dripke, Stephanie Stoerk, 232 Seiten, Paperback, ISBN 978-3-947818-53-2

China : USA – Der Wettkampf um die Weltspitze, Dr. Horst Walther et al., ca. 216 Seiten, Paperback, ISBN 978-3-947818-63-1

Auto ohne Lenkrad – Das selbstfahrende Auto steht vor der Tür, Patrick Dripke, Thomas Gronenthal, 140 Seiten, Paperback, ISBN 978-3-947818-79-2

Roboter im Alltag – Maschinen (beinahe) wie Menschen, Andreas Dripke, 176 Seiten, Paperback, ISBN 978-3-947818-71-6

Irrfahrt E-Auto – Abgesang auf die deutsche Autoindustrie, Thomas Gronenthal et al., 212 Seiten, Paperback, ISBN 978-3-947818-81-5

Was nach dem Smartphone kommt – Eine Reise in unsere digitale Zukunft, Andreas Dripke et al., 152 Seiten, Paperback, ISBN 978-3-947818-69-3

Das Diesel-Desaster – Die Geschichte des größten deutschen Industrieskandals, Thomas Gronenthal et al., 340 Seiten, Paperback, ISBN 978-3-947818-83-9

Der Dritte Weltkrieg – Das Undenkbare denken, Hang Nguyen, Jamal Qaiser, 268 Seiten, Paperback, ISBN 978-3-947818-67-9

Metaverse – Was es ist, wie es funktioniert, wann es kommt, Andreas Dripke, Marc Ruberg, Detlef Schmuck, 256 Seiten, Paperback, ISBN 978-3-947818-87-7

Klimakatastrophe – Wahn oder Wirklichkeit, Hang Nguyen et al., 184 Seiten, Paperback, ISBN 978-3-947818-49-5

Die Rückkehr der Kernkraft – Warum Atomenergie unsere Zukunft darstellt, Andreas Dripke, Hang Nguyen, Marc Ruberg, 204 Seiten, Paperback, ISBN 978-3-947818-95-2

Alles über Krypto – NFT, Blockchain, Bitcoin & Co, Andreas Dripke, Stephanie Stoerk, 160 Seiten, Paperback, ISBN 978-3-98674-007-8

Computer wie Götter – Die Rechenknechte übernehmen die Herrschaft, Andreas Dripke, Hang Nguyen, 148 Seiten, Paperback, ISBN 978-3-98674-005-4

Das Versagen des Westens in Afghanistan, Syrien und der Ukraine, Hang Nguyen, Jamal Qaiser, 148 Seiten, Paperback, ISBN 978-3-947818-97-6

Über Diplomatic Council

Das vorliegende Werk ist im Verlag des Diplomatic Council (DC) erschienen: DC Publishing.

Das Diplomatic Council verknüpft einen globalen Think Tank, ein weltweites Business Network und eine Charity Foundation in einer einzigartigen Organisation mit Beraterstatus bei den Vereinten Nationen.

Unsere Mitglieder vertreten die feste Überzeugung, dass Wirtschaftsdiplomatie ein tragendes Fundament für die internationale Völkerverständigung und den friedlichen Umgang der Nationen darstellt. Aus dieser Erkenntnis heraus überträgt das Diplomatic Council das Ziel der globalen Völkerverständigung in ein ökonomisches Mandat. Die Methodik eines weltweiten Wirtschaftsnetzwerkes wird hierzu mit der diplomatischen Kommunikationsebene der Staaten dieser Erde untereinander verknüpft. Vor diesem Hintergrund sind im Diplomatic Council Persönlichkeiten aus Diplomatie, Wirtschaft und Gesellschaft engagiert, die mit Augenmaß ausgewählt werden und die sich durch eine hohe Akzeptanz, eine hohe Kompetenz und ein mit den Grundpfeilern des Diplomatic Council übereinstimmendes Wertesystem auszeichnen. Ebenso sind Unternehmen willkommen, für die Corporate Social Responsibility weit mehr als ein Schlagwort ist.

Weitere Informationen: www.diplomatic-council.org/application

Über United Interim

United Interim (UI) ist das erste digitale Ökosystem im professionellen Interim Management der DACH-Region (Deutschland, Österreich, Schweiz). Für das Diplomatic Council ist United Interim daher der ideale Partner für die Fachbuchreihe „Von Interim Managern lernen“.

United Interim bringt alle am Interim-Business beteiligten Parteien auf einer Online-Plattform zusammen: jederzeit, offen, direkt und provisionsfrei. Unternehmen, die einen Interim Manager bzw. eine Interim Managerin suchen, können kostenfrei qualitätsgesicherte Kandidaten über die Plattform finden, kontaktieren – und direkt mit ihnen Projektverträge abschließen. Kein Vermittler steht dazwischen.

Für Interim Manager ist die Nutzung von United Interim der Goldstandard in der digitalen Selbstvermarktung. Die offene Plattform bringt ihnen Sichtbarkeit und Relevanz – präzise bei den Zielgruppen. Ihre Dienstleistung können sie auf professionelle Weise jederzeit anbieten und ihren CV, ihr Video, Ergebnisse eines Diagnostic Tools zur Persönlichkeit, Case-Studies und Kundenreferenzen sowie Fachbeiträge über ein Blog zur Verfügung stellen. Für die Nutzung der Infrastruktur von United Interim zahlen die Interim Manager eine monatliche Flatrate.

Provider und Vermittler sowie Kapitalbeteiligungsgesellschaften und Unternehmensberater können ebenfalls – als Nachfrager nach Interim Managern – kostenlos auf die Interim Manager und Managerinnen direkt zugreifen und im eigenen

Projektgeschäft einsetzen. Das bringt den Interim Managern, die sich auf United Interim präsentieren, zusätzlich weitere Projektanfragen.

Auf der Website von United Interim finden sich ebenfalls Partnerunternehmen, die geprüfte Dienstleistungen und Produkte rund um Interim Management zu günstigen Konditionen anbieten (z.B. Berater für Positionierung und Unterlagen, Weiterbildung, berufsspezifische Versicherungs- und Finanzthemen oder Mobilität).

United Interim geht auf konkrete Anregungen von Kunden und Interim Managern zurück: Immer wieder wurden die Gründer Dr. Harald Schönfeld und Jürgen Becker, die als Herausgeber der vorliegenden Fachbuchreihe fungieren, gefragt, ob es denn nicht möglich sei, einfach selbst in Interim Manager-Datenbanken zu suchen und dort Projekte auszuschreiben. *„Wie bei unseren Festanstellungen wissen wir doch auch bei Projektaufgaben ganz genau, welche Fähigkeiten wir suchen! Wir wissen nur nicht, wo!"*, lauteten die Aussagen der Unternehmen. United Interim ist als Antwort auf diese Anforderungen entstanden.

UNITEDINTERIM GmbH
Kohlrainstrasse 10, CH-8700 Küsnacht / ZH, Schweiz
E-Mail: info@unitedinterim.com, Web: www.unitedinterim.com

Quellenangaben und Anmerkungen

[1] https://wirtschaftslexikon.gabler.de/definition/interim-management-52714/version-275829

[2] https://www.aimp.de/aimp-umfragen/aktuelle-aimp-umfragen

[3] https://www.ddim.de/interim-management/fuer-unternehmen/branchenprofil/

[4] Zum Thema „Karriere als Interim Manager" vgl. Becker/Schönfeld/Singer (2020).

[5] https://www.ddim.de/interim-management/fuer-unternehmen/kundenvorteile/

[6] https://www2.deloitte.com/de/de/pages/energy-and-resources/articles/maschinenbau-2030.html

[7] https://www2.deloitte.com/de/de/pages/energy-and-resources/articles/maschinenbau-2030.html

[8] https://www.porsche-consulting.com/fileadmin/docs/02_Erfolge/erfolgsgeschichten_leistungsangebot/files/de/Porsche_Consulting_Digital_Machinery_Decoded.pdf

[9] https://www.accenture.com/_acnmedia/PDF-108/Accenture-Service-Is-The-New-Sales.pdf

[10] https://www.chemie.de/news/1156260/neue-wirtschaftsordnung-branchengrenzen-loesen-sich-auf-mega-cluster-entstehen.html

[11] https://www.xing.com/news/klartext/ich-kannibalisiere-mein-geschaft-bevor-andere-es-tun-1329

[12] https://www.divia.de/blog/was-versteht-man-unter-inbound-sales

[13] https://www.business-wissen.de/artikel/marktsegmentierung-beispiele-und-kriterien-fuer-die-einteilung-von-maerkten-und-kunden/

[14] https://top1.fm/DailySalesTips/sales-tip-675-using-compelling-events-to-close-deals/

[15] https://www.datenschutz-grundverordnung.eu

[16] https://www.messengerpeople.com/de/was-bedeutet-conversational-commerce/

[17] https://www.continental.com/de/presse/pressemitteilungen/smart-farming/

[18] https://hilgenstock-hamburg.de/wp-content/uploads/2021/11/Transformation-und-Leadership-neu.pdf

[19] „Menschenorientierte Führung, 22 Thesen für den Führungsalltag, Rudolf Steiger, Huber Frauenfeld Verlag, ISBN 978-3-7193-1503-0, 176 Seiten

[20] Taktische Führung XXI, Reglement 51.20d Schweizer Armee

[21] Führen Leisten Leben, Fredmund Malik, Campus Verlag, ISBN 978-3-593-51069-9, 446 Seiten

[22] „Trendsurfen in der Chefetage", Eileen C. Shapiro, Vampus Verlag, 1996, ISBN 3-593-35541-8, Seite 11

[23] „Trendsurfen in der Chefetage", Eileen C. Shapiro, Vampus Verlag, 1996, ISBN 3-593-35541-8, Vorwort

[24] https://www.maschinenmarkt.vogel.de/fuehrungskraefte-sind-haeufig-fehlbesetzungen-a-985540/

[25] https://de.wikipedia.org/wiki/Emotionale_Intelligenz

[26] https://de.wikipedia.org/wiki/Big_Five_(Psychologie)
[27] https://www.ukv.de/content/service/gesundheitsmagazin/wissen/neugier/
[28] https://www.ukv.de/content/service/gesundheitsmagazin/wissen/neugier/
[29] https://www.vkb.de/content/magazin/gesundheit-medizin/e-magazin-gesundheit-aktuell/wissen/neugier/
[30] https://de.wikipedia.org/wiki/Vorgesetztenbeurteilung
[31] „Radikal Führen", Reinhard K. Sprenger, Campus Verlag, 2015, ISBN 978-3-593-50449-0
[32] https://webhistoriker.de/chronik-17-jahrhundert-1623-rechenmaschine-schickard/
[33] https://www.lernhelfer.de/schuelerlexikon/mathematik-abitur/artikel/chronologie-der-entwicklung-von-rechenhilfsmitteln
[34] https://www.didaktik.mathematik.uni-wuerzburg.de/history/rechner/schott/geschich.html
[35] https://de.wikipedia.org/wiki/Buchungsmaschine
[36] https://de.wikipedia.org/wiki/Rechenmaschine
[37] https://www.tagesschau.de/wirtschaft/technologie/digitalisierung-wirtschaft-studie-101.html
[38] https://www.zdf.de/nachrichten/digitales/gesundheitswesen-digitalisierung-pandemie-100.html
[39] https://www.handelsblatt.com/politik/deutschland/schulbeginn-neue-bildungsministerin-will-schnelles-krisentreffen-zum-digitalpakt-/27932922.html
[40] https://www.sueddeutsche.de/karriere/digitalisierung-virtual-reality-bewerbung-1.5483442
[41] https://www.zeit.de/kultur/film/2021-12/kino-technik-fortschritt-film-digitalisierung
[42] https://www.welt.de/wissenschaft/krebs-spezial/article234081862/Digitale-Tumorsuche.html
[43] https://www.n-tv.de/wirtschaft/Jeder-achte-Arbeitnehmer-fuerchtet-um-Job-article22885946.html
[44] https://www.scaledagileframework.com/safe-for-lean-enterprises/
[45] https://iveybusinessjournal.com/publication/on-becoming-an-it-savvy-ceo/
[46] https://wirtschaftslexikon.gabler.de/definition/strategie-43591
[47] https://de.wikipedia.org/wiki/Strategie_(Wirtschaft)
[48] http://www.manager-wiki.com/strategie-grundlagen/3-strategie
[49] "Wie digital ist der Maschinenbau 2020?", item Industrietechnik GmbH, Frühjahr 2020
[50] https://www.vdi-nachrichten.com/technik/produktion/deutscher-maschinenbau-ist-industrieller-vorreiter-bei-der-digitalisierung/
[51] https://www.bitkom.org/Presse/Presseinformation/IT-Fachkraefteluecke-wird-groes-ser#:~:text=Branchenübergreifend%20ist%20die%20Zahl%20freier,zum%20Arbeitsmarkt%20für%20IT%2DFachkräfte
[52] https://tu-dresden.de/bu/wirtschaft/winf/isih/ressourcen/dateien/isih_team/pdfs_team/leyh-Erfolgsfaktoren-von-Digitalisierungsprojekten-ERP_management-18_2.pdf?lang=de
[53] https://wirtschaftslexikon.gabler.de/definition/innovationsmanagement-39822
[54] Der www-Schlüssel zum Projektmanagement, Orell Füssli Verlag, ISBN 978-3-280-04145-1, 272 Seiten